Inhalt

Vorwort

Unter den zahlreichen im Terrarium gepflegten Amphibien und Reptilien nahmen die Chamäleons schon immer eine ganz besondere Stellung ein, da sie wie kaum ein anderes Tier eine erstaunliche Faszination auf die Menschen ausüben. Dies lässt sich deutlich an der mythologischen Rolle dieser Tiere in ihren Heimatländern ablesen, aber auch daran, dass sie als Terrarienpfleglinge sehr begehrt sind. Letzteres sogar, obwohl Chamäleons doch über Jahrzehnte als besonders heikle oder gar unhaltbare Pfleglinge galten. Entsprechend gering war auch die Zahl der Erfolgsmeldungen in der Fachliteratur. Erst in den letzten zweieinhalb Jahrzehnten – und speziell für das Jemenchamäleon erst seit etwa 20 Jahren – gelang es, auch aufgrund verbesserter Kenntnisse der Lebensräume und -bedingungen der Tiere durch Erkundungen vor Ort, viele Probleme der Chamäleonpflege und -zucht zu lösen. Insbesondere das Jemenchamäleon erwies sich als leicht zu pflegende und zu vermehrende Art und stellt heute folglich einen geradezu idealen Terrarienpflegling dar.

Da die Tiere inzwischen weitgehend unproblematisch als Nachzuchten auf Börsen (möglichst direkt vom Züchter) und in nahezu jedem spezialisierten Zoofachgeschäft erhältlich sind, schien es mir 1999 der richtige Zeitpunkt, ein Buch speziell über *Chamaeleo calyptratus* zu verfassen. Seither hat das Buch nicht nur fünf Auflagen und eine weite Verbreitung erfahren, auch unser Kenntnisstand hat sich noch einmal deutlich verbessert, sodass es nun an der Zeit war, eine überarbeitete und erweiterte Neuauflage zu veröffentlichen. Diese Monographie will die vielen faszinierenden Besonderheiten des Jemenchamäleons etwas genauer vorstellen. Darüber hinaus soll es Anfängern Hilfestellung bei der Gestaltung und Einrichtung des Terrariums leisten und Grundlage bei der Entscheidung für das Jemenchamäleon sein. Auch dem erfahreneren Terrarianer kann das Buch als Nachschlagewerk dienen, wenn es auch keinen Anspruch auf Vollständigkeit erhebt.

Wolfgang Schmidt
Soest, im Januar 2009

Danksagung

Besonders bedanken möchte ich mich bei Herrn Petr Neças, Brno (Tschèchien), für die wertvollen Informationen sowie das Überlassen der Bilder und der Zeichnungen, sowie bei Herrn Dr. Michael Meyer, Herne, sowie Herrn Rolf Müller und Frau Ulrike Walbröl, Bonn, für zahlreiche Anregungen und für die kritische Durchsicht des Manuskripts.

Ferner danke ich allen, die durch Informationen sowie das Überlassen von Bildern u. a. zu diesem Buch beigetragen haben. Im Einzelnen seien, alphabetisch aufgelistet, besonders erwähnt: Herr Andreas Böhle, Liebenau; Herr Prof. Dr. Wolfgang Böhme, Museum Alexander Koenig, Bonn; Herr Achim Breuer, Neuss; Herr David Donaire, Cadíz (Spanien); Herr Uwe Dost, Stuttgart; Herr Matthias Gockel, Selm; Herr Andreas Grund, Lünen; Frau Ingeborg Haikal, Leipzig; Herr Sebastian Heinecke, Wuppertal; Herr Friedrich Wilhelm Henkel, Bergkamen; Herr Dr. Hans-Werner Herrmann, Aquarium am Kölner Zoo; Herr Walter Kunstek, Landgraat (Niederlande); Herr Rüdiger Lippe, Dortmund; Herr Peter Lusch, Köln; Herr Nicolá Lutzmann, Heidelberg; Frau Veronika Müller, Soest; Herr Silvan Nüsken, Soest; Herr Matthias Schmidt, Münster; Herr Robert Schuhmacher, Witten; Herr Harald Simon, Anröchte; Herr Rainer Stockey, Hagen; Herr Klaus Tamm, Hofheim; Herr Erich Wallikewitz, Brühl, und Herr Rainer Zander, Garbsen.

Jemenchamaeleon sind faszinierende Pfleglinge. Foto: W. Schmidt

Zur Entwicklungsgeschichte und Systematik

Bereits vor etwa 195 Millionen Jahren, im Tertiär, entwickelte sich die heutige Ordnung der Schuppenkriechtiere (Squamata). Aus ihr bildete sich dann im Lauf der Zeit die Familie der Chamaeleonidae heraus, die mit einem vermutlichen Alter von mehr als 60 Millionen Jahren die Erde seit der Kreidezeit bevölkert. Die ältesten fossilen Funde stammen jedoch erst aus der Oberen Kreide. Am bekanntesten ist das ca. 26 Millionen Jahre alte *Chamaeleo carociquarti* aus Westböhmen.

Systematisch gehören die Chamäleons in die Klasse der Kriechtiere (Reptilia) und dort zur Ordnung der Eigentlichen Schuppenkriechtiere (Squamata). Diese Ordnung wird ihrerseits in mehrere Unterordnungen unterteilt, zu denen die der Echsen (Sauria) mit der Zwischenordnung der Leguanartigen Echsen (Iguania) gehört. Bis hierhin sind sich die Wissenschaftler noch relativ einig, doch dann beginnt das Verwirrspiel.

Historisch gesehen wurden die Chamäleons aufgrund ihrer zahlreichen morphologischen Besonderheiten schon lange von den übrigen Echsen abgetrennt und sogar als eigenständige Zwischenordnung (Rhiptoglossa – zu deutsch: Wurmzüngler) betrachtet.

Der vorerst letzte Versuch, die Stellung der Chamäleons im Tierreich systematisch neu festzulegen, stammt von FROST & ETHERIDGE (1989): Die beiden Forscher lösten die Leguanartigen (Iguanidae) in acht selbstständige Familien auf und stuften gleichzeitig die Agamenartigen (Agamidae) zu einer bloßen Unterfamilie der Chamaeleonidae herab. Dieser Versuch einer Neubewertung wurde indes von BÖHME (1990) kritisch kommentiert: zuzustimmen ist (seiner Ansicht nach) diesem Ansatz wohl nur insofern, als einige Leguangruppen (etwa die Anolinae) möglicherweise tatsächlich den altweltlichen Agamen und Chamäleons näher stehen als den übrigen Leguanartigen. Bevor ein endgültiges Bild der tatsächlichen Verwandtschaftsverhältnisse gezeichnet werden kann, bleibt allerdings wohl noch viel Forschungsarbeit zu leisten; angesichts dieses Sachverhalts glaube ich es daher verantworten zu können, im Folgenden eine eher konservative Sichtweise zu vertreten.

Jemenchamäleons sind wahre Kletterkünstler.
Foto: W. Schmidt

Ein prächtiges Männchen mit stark ausgeprägtem Helm aus der Umgebung von Ta`izz Foto: W. Schmidt

Stark umstritten war lange Zeit auch die nachstehend vorgestellte Untergliederung der Familie Chamaeleonidae; Ansätze zu einer neuen Systematik scheinen sich in der Fachwelt erst in jüngster Zeit durchzusetzen. Die ersten Schritte zur Lösung dieses schwierigen Problems verdanken wir KLAVER & BÖHME (1986): Sie nahmen sich der schweren Aufgabe der Erforschung der natürlichen Verwandtschaftsverhältnisse der Chamäleons zueinander an, deren Resultate uns zu einem neuen Verständnis der konkreten Stellung einzelner Spezies verhelfen dürften. Bisher ist es den genannten Autoren gelungen, circa 70 % aller bislang anerkannten Chamäleonarten im Hinblick auf zwei wichtige morphologische Merkmale zu untersuchen. Dabei handelt es sich einerseits um die Struktur der Hemipenes, andererseits um den Aufbau der Lungen. Als Resultat ihrer Forschungen konnten folgende Befunde verzeichnet werden:

Die „traditionelle" Familie Chamaeleonidae wird demnach fortan in die beiden Unterfamilien der Chamaeleoninae (Echte Chamäleons) und der Brookesiinae (Erd- oder Stummelschwanzchamäleons) unterteilt, von denen die Erstgenannte ihrerseits aus vier Gattungen besteht: *Bradypodion*, *Calumma*, *Chamaeleo* und *Furcifer*. Die Gattung *Chamaeleo* gliedert sich nochmals in die zwei Untergattungen *Chamaeleo* und *Trioceros*. Die Bezeichnung der einzelnen Untergattungen wird in der Fachliteratur

Chamaeleo arabicus ist eng mit dem Jemenchamäleon verwandt. Fotos: D. Donaire

häufig (aber keineswegs immer) dem Gattungsnamen in Klammern nachgestellt. Für das Jemenchamäleon würde sich die Schreibweise _Chamaeleo (Chamaeleo) calyptratus_ ergeben. Da dies jedoch nicht erforderlich ist und auch eher verwirren würde, belasse ich es bei der herkömmlichen Schreibweise _Chamaeleo calyptratus_.

Während der letzten 20 Jahre kam es dann kaum noch zu nennenswerten Änderungen am Stammbaum der Chamäleons, doch in jüngster Zeit gestaltet sich dieser nach gründlichen Forschungen immer differenzierter. So grenzten TILBURY et al. (2006) die neuen Gattungen _Kinyongia_ und _Nadzikambia_ von den bisherigen Gattungen der Echten Chamäleons ab.

Nur der Vollständigkeit halber sei noch kurz die zweite Unterfamilie Brookesiinae mit ihren beiden bisherigen Gattungen _Brookesia_ und _Rhampholeon_ erwähnt. Auch hier haben sich jüngst Änderungen ergeben. Aufgrund molekularbiologischer Befunde und unter Berücksichtigung biogeographischer und morphologischer Unterschiede spalteten MATTHE et al. (2004) die Gattung _Rieppeleon_ von der Gattung _Rhampholeon_ ab.

Zur genauen Systematik des Jemenchamäleons sei Herr LUTZMANN (2007) zitiert, der in seiner Arbeit ausführlich die Systematik und die verwandtschaftlichen Beziehungen von _Chamaeleo calyptratus_ zu _Ch. arabicus_ beleuchtet: „_Chamaeleo calyptratus_ wurde von

DUMERIL & BIBRON 1851 beschrieben, und zwar anhand von Exemplaren, die P.E. Botta 1836 von einer Reise in den Jemen mitbrachte. HILLENIUS & GASPERETTI (1984) sowie SCHÄTTI (1989) vermuten aufgrund von Bottas Reiseroute – von Hudayadh (Hodeidah) über Hays nach Taizz, zurück nach Hays und dann nach Al Mukka –, dass die Terra typica (Originalfundort) auf Taizz zu beschränken sei. Die Terra typica der Originalbeschreibung wurde von einigen Autoren (z. B. PETERS 1869; MERTENS 1966; BRYGOO 1971) später falsch angegeben, obwohl sie in der Arbeit von DUMERIL & BIBRON durchaus aufgeführt war, wenn auch nur in einer Fußnote, nämlich als „.... orig. de l'Afri. (rég. du Nil) ...". Diese, leider falsche, Annahme kann man auch noch lange Zeit später in der Literatur finden (z. B. HILLENIUS 1959; TAWIK 1994), obwohl die Verbreitungsangabe für *Ch. calyptratus* schon von WERNER (1911) angegeben wird als „Oberer Nil (?), Yemen".

PETERS beschreibt 1869 ein *Chamaeleo calcaratus* von der Westküste Madagaskars. Er selbst bemerkt jedoch, dass dieser Name schon einmal für ein Chamäleon benutzt wurde (*Ch. calcaratus* MERREM, 1820) – welches heute ein Synonym von *Ch. africanus* ist (FLOWER 1933) –, und schlägt daher 1870 den Namen *calcarifer* für „sein" Chamäleon vor. Den ersten deutlichen Zweifel an dessen Herkunft äußert BOULENGER (1895), da er eigenhändig bei Aden im Jemen ein Exemplar dieser Art gefunden hatte. ANDERSON schlug 1895 die Synonymisierung der beiden Taxa *calcarifer* und *calyptratus* vor. WERNER (1911) führt *calcarifer* dagegen weiterhin als eigenständige Art. 1953 bestätigt SCHMIDT jedoch die Synonymisierung durch ANDERSON aufgrund von 54 Exemplaren, die er in der Nähe von Taizz selbst gesammelt hat. 1959 führt HILLENIUS die Art *calcarifer* jedoch wieder als eigenständig, auch wenn er schon 1966 die Vermutung aufstellt, dass es sich bei diesem Taxon eventuell um natürliche Hybriden der beiden Arten *Ch. ara-*

bicus und *Ch. calyptratus* handeln könnte. Diese Hypothese zieht er jedoch zusammen mit GASPERETTI (1984) wieder zurück und sieht die saudi-arabische Population von *Ch. calyptratus* als Unterart *Ch. calyptratus calcarifer* an. KLAVER & BÖHME (1997) setzten den bisherigen Schlusspunkt in dieser Diskussion erstens durch Beobachtungen von HAIKAL (BÖHME mündl. Mittlg.), dass sich die beiden Arten *arabicus* und *calyptratus* zumindest im Terrarium ohne Probleme miteinander fortpflanzen und diese Hybriden auch fortpflanzungsfähig sind, und zweitens durch die Feststellung, dass diese Hybriden dem Typusexemplar von *calcarifer* sehr ähnlich sehen. Daraus ist zu folgern, dass es sich bei *calcarifer* um kein gültiges Taxon handelt und dass die morphologisch (in der Körpergestalt) deutlich anders aussehenden Populationen aus dem Süden Saudi-Arabiens bisher unbenannt sind. Daran hat sich bis heute nichts geändert.

Chamaeleo arabicus wird im Jahre 1893 von MATSCHIE aus der Umgebung von Aden beschrieben. Es wird von WERNER (1911) als Synonym von *Ch. calyptratus* behandelt, erst durch HILLENIUS im Jahr 1966 als Unterart von *Ch. chamaeleon* revalidiert (von MERTENS 1966 als Synonym von *Ch. calyptratus calcarifer* behandelt) und von ARNOLD (1980) wieder als eigenständige Art vorgeschlagen."

> ## Überblick über die systematische Einordnung des Jemenchamäleons
>
> | | |
> |---|---|
> | **Klasse:** | **Kriechtiere (Reptilia)** |
> | **Ordnung:** | **Eigentliche Schuppenkriechtiere (Squamata)** |
> | **Unterordnung:** | **Echsen (Sauria)** |
> | **Zwischenordnung:** | **Leguanartige (Iguania)** |
> | **Familie:** | **Chamaeleonidae (Chamäleons)** |
> | **Unterfamilie:** | **Chamaeleoninae (Echte Chamäleons)** |
> | **Gattung:** | ***Chamaeleo*** |
> | **Untergattung:** | ***Chamaeleo*** |
> | **Art:** | ***C. calyptratus*** |

Verbreitung und Lebensraum des Jemenchamäleons

Das Verbreitungsgebiet des Jemenchamäleons erstreckt sich über die südlichen Teile der Arabischen Halbinsel, ganz grob etwa von der Asir-Provinz in Saudi-Arabien bis in die Region Aden im Jemen. Es handelt sich dabei um eine Gebirgskette, die etwa in der Nähe von Ta`izz und dem angrenzenden Teil des ehemaligen Südjemen beginnt und sich an der Westküste der Arabischen Halbinsel über Dhamar und Sana´a, die Hauptstadt des Jemen, bis weit nach Saudi-Arabien hineinzieht. Neben diesen natürlichen Vorkommen gibt es heute noch zwei weitere Populationen, die auf Aussetzungen durch den Menschen zurückzuführen sind. Nach Love (2007) sollen im Jahre 2002 Kinder auf das Grundstück eines Reptilienhändlers im Südwesten Floridas eingedrungen sein und einen Außenkäfig mit *Chamaeleo calyptratus* aufgebrochen haben. Nachdem sie einige Tiere gestohlen hatten, ließen sie die Käfigtür offen, sodass weitere Tiere am nächsten Morgen entkommen konnten. Diese Population existiert bis heute und vergrößert sich offenbar ständig. Daneben haben sich die „Invasoren" auch noch auf Maui (Hawaii) festsetzen können, wo selbst durch eine gut organisierte Aktion die Population

Verbreitungsgebiet des Jemenchamäleons nach Hillenius & Gasperetti

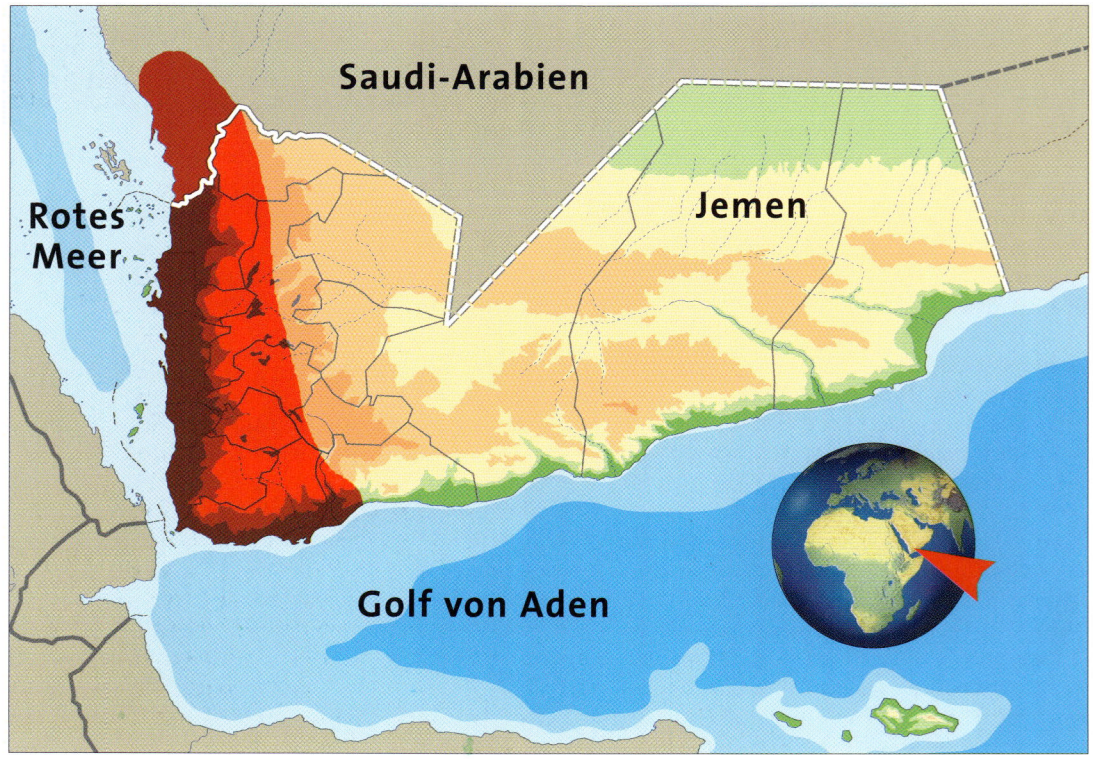

Lebensraum von *Chamaeleo calyptratus* in den westlichen Berghängen Foto: F. W. Henkel

nicht zurückgedrängt werden konnte (MA-SUOKA 2002; LUTZMANN 2007).

Das eigentliche Verbreitungsgebiet lässt sich in zwei gänzlich unterschiedliche Biotope unterteilen (MEERMANN & BOOMSMA 1987):

1. Die westlichen Berghänge

Im Jemen verläuft direkt am Saum des Roten Meeres eine schmale Küstenebene, die sich nördlich bis nach Saudi-Arabien hinein ausdehnt. Als nördlichster Verbreitungspunkt wird die Umgebung von Taif (vgl. LUTZMANN 2007) genannt. Das Klima dort ist sehr heiß, die Tagestemperaturen liegen im Januar etwa bei 30 °C und steigen im Juli bis auf weit über 40 °C an. Bedingt durch das nahe Gebirge, welches z. B. bei Sana´a eine Höhe von 3.658 m über N.N. erreicht, kommt es an den westlichen Berghängen zu starken Steigungsregenfällen. Die einzelnen Habitate des Jemenchamäleons in dieser Region liegen in Höhen zwischen 500 und 2.800 m über N.N., also durchweg in diesem Niederschlagsgürtel. Das Klima lässt sich folglich am besten als heiß mit hohen saisonalen Niederschlagsmengen bezeichnen; so wurden in der Umgebung von Ibb (unmittelbar nördlich von Ta'izz) beispielsweise schon über 2.000 mm Niederschlag in einem Jahr gemessen. Die Vegetation ist dementsprechend üppig, und das Terrain wird fast vollständig landwirtschaftlich genutzt. Dennoch kommen hier vereinzelt Reste des ursprünglichen Galeriewaldes vor, so z. B. bei Wadi Dhabab. Nach NEÇAS (1995) unterliegt das Klima periodischen Schwankungen, mit einer kleinen Regenzeit im Frühjahr, gefolgt von einer kurzen Trockenzeit und einer großen Regenzeit im Sommer. Im Herbst und im Winter herrscht dann die große Trockenperiode. Die monatliche Niederschlagsmenge ist recht unterschiedlich, aber selbst in den trockensten Monaten fallen ca. 50 mm. Die durchschnittliche Jahrestemperatur liegt bei ca. 20 °C mit einer Tag-Nacht-Schwankung von ca. 14 °C, z. B. mit Temperaturen von im Sommer tagsüber 35 °C und nachts 20 °C.

2. Die zentralen Hochebenen

Im Gegensatz zum humiden Klima des eben vorgestellten Lebensraums handelt es sich bei den zentralen Hochebenen um dürre, fast baumlose Landschaften, wo vor allem mit Hilfe künstlicher Bewässerung Landwirtschaft, in erster Linie Viehzucht, betrieben wird. Das Wasser der recht spärlichen Niederschläge wird von den zahlreichen Wadis abgeleitet, die zwar die meiste Zeit des Jahres trocken sind, jedoch zu tiefen Einschnitten im Landschaftsbild geführt haben. An einigen Stellen, meist in Wadis in geschützter Lage, hält sich das Wasser auch ganzjährig. Dadurch birgt der Boden der Umgebung genügend Feuchtigkeit, um Pflanzenwachstum zu ermöglichen – zumindest, wenn auch wirklich einmal Regen fällt. Weiterhin charakteristisch für dieses Gebiet sind die starken Temperaturschwankungen. So kann es hier im Winter durchaus zu gelegentlichen starken Nachtfrösten kommen, die vielleicht in den geschützten Wadis etwas abgeschwächt werden. Zum Schutz vor diesen niedrigen Temperaturen ziehen sich die Chamäleons bis auf den Boden und vielleicht sogar in geschützte Felsspalten, Erdlöcher usw. zurück – ein Verhalten, das sie auch im Terrarium nicht ablegen. Sobald die Temperaturen nachts stark abfallen, suchen die Jemenchamäleons instinktiv geschützte Schlafplätze am Boden auf. Den Hauptlebensraum auf der zentralen Hochebene bilden diese Wadis, was vielleicht auch daran liegt, dass sie bis zu den westlichen Berghängen reichen und somit „Verbindungsstraßen" zwischen dem eigentlichen Verbreitungsgebiet und den zen-

tralen Hochebenen bilden. Auch in den Küstenebenen wurde *Chamaeleo calyptratus* schon vereinzelt gefunden.

Insgesamt lässt sich sagen, dass das genaue Verbreitungsgebiet noch sehr unzureichend untersucht ist und die damit verbundene Überprüfung der unterschiedlichen Formen auf ihren Unterartenstatus künftig noch viel Feldforschung erfordern wird.

Wo aber leben die Jemenchamäleons innerhalb dieses Gebietes nun wirklich? Ganz grob lässt sich sagen, dass die Art kein besonderes Habitat bevorzugt. NEÇAS (1995) fand die Tiere auf Akazienästen, auf dem Boden, auf Sukkulenten der Wolfsmilchgewächsfamilie Euphorbinae und selbst in Feldern, genauer gesagt im Mais. Während sich die Tiere am Tag meistens in einer Höhe von 1–3 m über dem Boden aufhielten, schliefen sie in der Nacht auf den Spitzen der höchsten Äste.

MEERMANN & BOOMSMA (1987) konnten während einer Fahrt im Linienbus von Ta'izz nach Sana'a 23 *Chamaeleo calyptratus* hoch oben in den *Zyziphus*- und *Acacia*-Bäumen am Straßenrand entdecken, wo sie sich dank ihrer grellen Färbung gut vom graugrünen Laub abhoben.

Sehr interessante Beobachtungen im Habitat machten auch FRITZ & SCHÜTTE (1987):

„Die Tiere aus Damt wurden sowohl am Wadi als auch einige Kilometer vom Wasser entfernt angetroffen. Die meisten lebten auf Akazien, die nur spärliches oder gar kein Laub trugen. Nach Auskunft der einheimischen Araber lag der letzte Niederschlag mehr als drei Jahre zurück, sodass die Tiere während dieser Zeit ihren Wasserbedarf nur über Tautropfen und über ihre Futtertiere decken konnten. Eine weitere Möglichkeit der Wasseraufnahme ist im Fressen der wenigen grünen Pflanzen zu sehen. Im Terrarium bissen einzelne Tiere nach zwei Tagen Wasserentzug Blatteile (*Philodendron*, mündl. Mittlg. WALLIKEWITZ) ab und verzehrten sie. Die

Auch in den Hochebenen ist das Jemenchamäleon zu finden. Foto: F. W. Henkel

bei Damt gefangenen Chamäleons waren in sehr schlechtem Ernährungszustand, der auf das Fehlen von ausreichender Insektennahrung zurückzuführen ist. Die Tiere dieses Gebietes fingen wir zwischen 12.00 und 15.00 Uhr, zehn weitere zwischen 9.00 und 10.00 Uhr vormittags. Ein Chamäleon konnte um 8.45 Uhr schlafend mit eingerolltem Schwanz in einem Webervogelnest beobachtet werden. Die anderen wurden in Höhen zwischen 20 und 120 cm über dem Boden an den Stämmen der Bäume angetroffen. Da wir dieses Gebiet bereits am späten Nachmittag des vorangegangenen Tages intensiv nach Chamäleons abgesucht hatten, ohne ein einziges Tier zu entdecken, ist anzunehmen, dass manche *Chamaeleo calyptratus* zumindest die kalten Nächte in Gesteinsspalten oder zwischen Pflanzen am Erdboden verbringen. Hierfür spricht auch die Beobach-

tung, dass einige gerade in Deutschland eingetroffene Tiere bei freier Haltung im Zimmer sich abends zwischen den Heizkörperlamellen und den Vorhangfalten in Bodennähe zurückzogen. Auch nach 13-monatiger Gefangenschaft hat ein Männchen diese Gewohnheit beibehalten und sucht im Terrarium über Nacht, besonders bei starker Abkühlung, eine Plastikschale (Durchmesser 15 cm) am Boden auf."

Frau HAIKAL (mündl. Mittlg.), die sich mehrere Jahre beruflich im Jemen aufgehalten und dort ausgiebig mit dem Jemenchamäleon beschäftigt hat, berichtete von einem einzelnen *Chamaeleo-calyptratus*-Männchen, das sie auf der trockenen Hochebene in einer Gegend fand, wo kein Grashalm mehr stand und nur ein einziger Stock weit und breit aus dem Boden ragte, an dem das besagte Tier saß.

13

Der Körperbau des Jemenchamäleons und seine Besonderheiten

Chamaeleo calyptratus gehört zu den größten Chamäleonarten. Ein männliches Tier, das Jan MEERMANN 1985 von seiner Jemenreise mitbrachte, maß beim Tod Ende 1993 ganze 62 cm. Die Weibchen bleiben deutlich kleiner und erreichen nur eine maximale Gesamtlänge von 45 cm. Auch die Größe scheint, ähnlich wie andere Merkmale, stark populationsabhängig zu sein. Da die verschiedenen Formen sich alle fruchtbar kreuzen lassen, existiert in unseren Terrarien leider nur noch eine „durchschnittliche Mischung" mit einer maximalen Gesamtlänge der Männchen von kaum über 50 cm und der Weibchen von kaum über 35 cm.

Wie alle Echten Chamäleons besitzt auch das Jemenchamäleon eine Körperform, die mit ihren spezifischen Merkmalen eine nahezu perfekte Anpassung an die arboreale (baumbewohnende) Lebensweise darstellt. Im Lauf ihrer langen Entwicklungsgeschichte haben alle Chamäleons ihren ursprünglich vermutlich eidechsenähnlichen Körper so umgeformt, dass sie heute als die am besten an das Leben auf Bäumen und Büschen angepassten Echsen gelten. Der Körper ist bei *Chamaeleo calyptratus* sehr schmal und teilweise recht hoch, sodass er in seinem Aussehen stark an ein Blatt erinnert. Dabei kann sich selbst das größte Tier auf eine Breite von 2 cm zusammenziehen, sodass die Körperform – von der Seite betrachtet – fast rund wirkt. Diese stark vergrößerte Seitenansicht wird auch zum Drohen und Balzen genutzt. Besonders eindrucksvoll ist das Breitseitdrohen der großen Form, bei der die riesigen Männchen dann fast die Größe eines Fußballs erreichen.

Ermöglicht werden diese „Formänderungen" mit Hilfe der Lungensäcke und verschiedener Muskeln, sodass sich die Tiere auf unterschiedliche Weise abflachen oder aufblähen können. Diese stark veränderbare Körperform ermöglicht es den Chamäleons z. B. auch, die Sonnenstrahlen besser auszunutzen.

Das auffälligste Kennzeichen des Jemenchamäleons ist der riesige Helm, der bei großen Männchen eine Höhe von über 80 mm erreichen kann. Auch die Weibchen besitzen einen Helm, jedoch ist dieser deutlich niedriger. Über die genaue Bedeutung des Helms kann nur spekuliert werden. Möglich wäre eine ähnliche Erklärung, wie sie von BÖHME & KLAVER (1981) für montane (bergbewohnende) Arten aus Kamerun gegeben wird: Die beiden Forscher wiesen nach, dass der Helm auch zur Arterkennung dienen kann. Die Weibchen sollen so die passenden Männchen identifizieren können. Eine wahrscheinlichere Erklärung ist jedoch, dass der Helm nur der Auflösung der optischen Konturen im natürlichen Habitat dient und die Chamäleons sich so für ihre Opfer, aber auch für mögliche Beutegreifer unsichtbar machen. Betrachtet man einmal, wie ein großer *Chamaeleo calyptratus* versucht, sich hinter einem dünnen, senkrecht stehenden Stamm zu verbergen, so wird leicht ersichtlich, wie sehr der hochgezogene Helm die Konturen des eigentlichen Kopfes verschleiert.

Das Schuppenkleid des Jemenchamäleons ist unregelmäßig. Der Körper und die Gliedmaßen sind mit kleinen nebeneinanderliegenden Granularschuppen, der Schädelbereich sowie der Helm hingegen mit vergrößerten Plattenschuppen bedeckt. An beiden Seiten befinden sich kleine „Ansätze" von Occipitallappen. Die Helm- und Kopfleisten sind mit großen, warzenförmigen Höckerschuppen versehen. Der Rückenkamm, der sich bis auf den Schwanz fortsetzt, besteht ebenso wie Bauch- und Kehlkamm, die bei-

Das Schuppenkleid des Jemenchameleons ist unregelmäßig.
Foto: W. Schmidt

Ausgewachsenes männliches Jemenchamäleon. Foto: W. Schmidt

Auch bei *Chamaeleo calyptratus* sind mittlerweile Farbformen und vom Wildtyp abweichende Beschuppungstypen bekannt. Foto: R. Müller

de nahtlos ineinander übergehen, aus dicht hintereinanderstehenden Kegelschuppen.

Da das Jemenchamäleon laufend wächst, die oberste Hautschicht aber verhornt und somit nicht mitwachsen kann, müssen sich die Tiere immer wieder häuten. Man erkennt den Beginn der Häutung leicht daran, dass die Haut trüb wird. Kurz darauf beginnt sie, sich an mehreren Stellen zu lösen. Die Echse häutet sich nicht an einem Stück, sondern oftmals in vielen kleinen Fetzen. Der ganze Vorgang sollte nicht länger als zwei Tage dauern und wird von den Tieren aktiv unterstützt, indem sie ihren Körper an Ästen oder Steinen scheuern oder versuchen, mit Hilfe des Mauls oder der Füße die alte Haut abzuziehen. Auch das Auge, oder genauer die Haut um den aus dem Kopf herausragenden Augapfel muss derart erneuert werden. Hierfür drückt das Jemenchamäleon den gesamten Augapfel aus dem Kopf und

reibt die Haut ebenfalls an Ästen etc. ab. Ein im ersten Moment erschreckender Anblick.

Ein weiteres unverkennbares Merkmal der Chamäleons sind die zu Greifzangen umgeformten Hände und Füße. Dabei sind jeweils zwei und drei der fünf Finger und Zehen miteinander verwachsen: an den Vorderfüßen befinden sich außen zwei und innen drei Zehen, hinten verhält es sich genau umgekehrt. Mit diesen Greifzangen können sich die Jemenchamäleons problemlos im Geäst bewegen und finden so selbst auf im Wind schaukelnden Ästen sicheren Halt.

Als Letztes erwähnt werden muss noch der Schwanz, der von *Chamaeleo calyptratus* als „fünfte Hand" beim sicheren Verankern im Geäst genutzt wird. Er ist für das Chamäleon so wichtig, dass er nicht abwerfbar und regenerierbar ist, wie es beispielsweise bei den Eidechsen der Fall ist (bei denen diese Eigenschaft „Autotomie" heißt).

Stressfärbung bei einem weiblichen Tier Foto: P. Neças

Färbung als Sprachersatz

Eine der bekanntesten Eigenschaften der Chamäleons ist der Farbwechsel, zu dem das Jemenchamäleon in ganz besonderem Maß fähig ist. Ermöglicht wird dieser u. a. durch die Wanderung des schwarzen Farbstoffs Melanin in den sogenannten Melaninzellen. Durch Verlagerung des Melanins aus „tieferen" Hautschichten mittels röhrenartiger Verlängerungen dieser Farbzellen bis in die oberste Hautschicht wird eine dunklere Färbung bewirkt, durch den umgekehrten Vorgang eine Aufhellung. Gleichzeitig verursacht dieser Farbstoff durch Überlagerung der eigentlichen Farbzellen originär den Farbwechsel. Die bunte Färbung wird durch verschiedene Pigmentzellen bewirkt, die in den oberen Hautschichten liegen. Zu diesen zählen die Xantophoren und die Erythro-

phoren: Sie bilden die oberste Farbzellenschicht und sind im wesentlichen für gelbe und rote Farbtöne verantwortlich. In den Guanophoren hingegen finden sich lediglich farblose Kristalle (das sogenannte Guanin), die durch eine Reflexion des Lichtes für Blautöne sorgen. Das wichtige Grün und viele andere Farbtöne entstehen dann durch Pigmentverschiebungen in den Chromatophoren.

Das Jemenchamäleon verfügt über eine sehr breite Farbskala. Man findet zahlreiche Farbtöne in allen erdenklichen Schattierungen von Weiß über Beige, Grau, Gelb, Grün, Orange und Hellrot bis hin zu Schwarz. Neças (1991, 1994) unterteilte die Körperoberfläche der Männchen und Weibchen in mehrere Zonen und ordnete diesen eine be-

Dieses Männchen droht und verstärkt diese Abwehrhaltung durch seine Färbung. Foto: W. Schmidt

stimmte Färbung in Zusammenhang mit einer Gemütsverfassung zu (siehe Zeichnungen und Tabellen S. 20, 21). Dabei kommen jedoch nicht alle Farben auf allen Körperteilen vor, und die einzelnen Zonen können auch gleich gefärbt sein, sodass die Grenzen nicht mehr erkennbar sind. Für die exakte Beschreibung dieser Farbmuster wurde von Herrn NEÇAS eine Formel „XAa" erarbeitet, wobei X eine Nummer der Hautfarbzone nach dem Schema, A ein Farbsymbol und a eine Ergänzung darstellt (Genaueres siehe Legenden zu Tabelle 1 und 2).

Aus den Tabellen wird deutlich sichtbar, dass sich die Chamäleons mit ihrer Färbung nicht oder nur begrenzt der Umgebung anpassen. Vielmehr handelt es sich bei dem Farbwechsel um einen physiologischen Vorgang, durch den die Tiere ihre „Stimmung" ausdrücken. Ein völliges „Schwarzärgern"

kommt beim Jemenchamäleon übrigens nicht vor (im Gegensatz zu anderen Chamäleonarten). Im Gegenteil: Je mehr es verärgert oder auf Abstand bedacht ist, desto greller und bunter werden das Zeichnungsmuster und die Färbung.

Die Fähigkeit des Farbwechsels sollte man jedoch nicht überschätzen oder als einzigartig herausstellen, da zahlreiche andere Reptilien ebenfalls dazu befähigt sind, und auch die Geschwindigkeit ist nicht übermäßig, da die Steuerung des Melanins und der Pigmentverteilung in den Chromatophoren sehr energieaufwändig ist. Kranke oder sonst wie geschwächte Tiere, welche die für diese physiologischen Vorgänge benötigte Energie nicht mehr (oder nur ansatzweise) aufbringen können, sind daher meist nur eingeschränkt in der Lage, den „normalen" Farbwechsel zu vollziehen.

Farbschema bei *Chamaeleo calyptratus* nach Neças

Skizze: Einteilung der Hautzonen

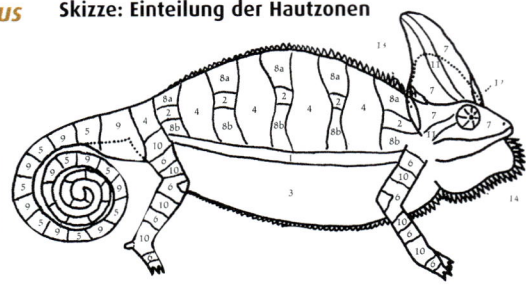

Tabelle 1

	W		Bl		Bw		Gn		Y		O		Gy	
	♂	♀	♂	♀	♂	♀	♂	♀	♂	♀	♂	♀	♂	♀
1	+	+	+	+	+	+	–	–	–	–	+	–	–	–
2	+	+	+	+	+	+	–	–	–	–	+	–	–	–
3	–	–	+	+	+	+	+	+	+	–	+	+	–	–
4	–	–	+	+	+	+	–	–	+	–	+	–	+	–
5	–	–	+	+	+	+	+	+	+	–	–	+	–	–
6	–	–	+	+	+	+	+	+	+	–	–	–	–	–
7	–	–	+	+	+	+	+	+	+	–	–	–	–	–
8	–	–	+	+	+	+	+	+	–	–	–	+	–	–
9	–	–	+	+	+	+	+	+	–	–	–	+	–	–
10	–	–	+	+	+	+	+	+	–	–	–	+	–	–
11	–	–	+	+	+	+	+	+	–	–	–	–	–	–
12	+	+	+	+	–	+	–	+	–	–	–	–	+	+
13	+	+	–	–	–	–	–	+	–	–	–	–	+	+
14	+	+	–	–	–	–	–	–	–	–	+	–	+	+

Tabelle 1: Farbverteilung auf den Hautzonen 1-14
W: Weiß, **Bl**: Schwarz, **Bw**: Braun, **Gn**: Grün, **Y**: Gelb, **O**: Orange, **Gy**: Grau
+: die Farbe ist auf der Hautzone vorhanden
–: die Farbe ist auf der Hautzone nicht vorhanden

Tabelle 2: Charakteristische Färbungen und ihre Bedeutungen
Zahlen 1-14: Hautzonen (**1** = ventraler Lateralstreifen, **2** = dorsaler Lateralstreifen, **3** = Bauch und Kehle, **4** = Querstreifen, **5** = Kontrastfarben des Schwanzes, **6** = Kontrastfarben der Gliedmaßen, **7** = Kontrastfarben des Kopfes, **8a** = dorsaler Teil d. Zwischenstreifens, **8b** = ventraler Teil d. Zwischenstreifens, **9** = Grundfarbe des Schwanzes, **10** = Grundfarbe der Gliedmaßen, **11** = Grundfarbe des Kopfes, **12** = Rand des Parietalkamms, **13** = Hinterrand des Kamms, **14** = Kehl- und Bauchkamm); W, Bl, Bw, Gn, Y, O, Gy: Farben (siehe Tabelle 1); v: oder; +: und; b: hell; d: dunkel; t: türkis; f: Fleck; bf: große Flecken; p: Einrahmung; .: farblich getrennt
Beispiel: 4 Y+Gn.lf+O.p: Die Querstreifen (4) sind beim ♂ gelb (Y) mit kleinen grünen (Gn) getrennten (.) Flecken (lf) und der Querstreifen ist mit orange (O) scharf abgetrennt (.) umrahmt (p)

Tabelle 2

Sex				Bedeutung	
♂	1 + 2: WvOvBw 12 + 13: Gy	3 + 8 - 11: Gn+O.f 14: W	4 - 7: BwvO+Gn.lf	Neutralfärbung	❶
♂	1 + 2: WvOvBl 5 - 7: OvY+Gn.lf 14: O	3: Gn.b.t.+O.f 8 - 11: Gn.b.t.+Gn.d.lf	4: Y+Gn.lf+O.p 12 + 13: Bl	Erregung, Imponieren, Schlafen	❷
♂	1 + 2: W 5 - 7: Bw+Gn.lf 14: BlvW	3: Gn+Bw.f 8 - 11: Gn.d	4: Gy+Gn.lf+Bw.p 12 + 13: Gy	Furcht, Respekt, Niederlage nach einem Duell	❸
♀	1 + 2 + 12 + 14: W	3 - 11 + 13: Gn.b		Neutralfärbung	❹
♀	1 + 2: Bw.d	3 - 13: Bw.b	14: W	Neutralfärbung	❺
♀	1 + 2: W 8: Gn.d+Gn.b.lf 14: W	3 + 6 + 7+ 9 + 10 + 13: Gn.b	4: Gn.b+Gn.b+Gn.lf 11: Gn.d	Manchmal bei Erregung und Störung	❻
♀	1 + 2 : Bw 8-10: BwvO+Gn.bf 14: W	3: Gn+Bw.f 11: Gn.d	4 - 7: Gn.b+Gn.d.lf 12 + 13: Gn.b	Graviditätsfärbung in Ruhepause	❼
♀	1 + 2: Bl 8a: O 11-14: Bl	3 - 6: Bl+O.f+Gn.b.lf 8b: O+Gn.b	7: Gn.b 9 + 10: Bl+O.b.lf	Graviditätsfärbung bei Erregung	❽
♀	1: Bw 7: Gn.b 9 + 10: Bw + O.b.lf	2: W 8a: O 11 - 13: Bw	3 - 6: Bw+O.f+Gn.b.lf 8b: O+Gn.b 14: W	Postgravide Färbung	❾
♀	1 - 13: BwvBl	14: GyvBl		Nicht paarungsbereit	❿

Färbungsbeispiele zu den in Tabelle 2 genannten „Stimmungen"

Das Auge und andere Sinnesorgane

Unbeweglich, geduldig und hervorragend getarnt, wartet das Jemenchamäleon einen Teil des Tages auf seinem Ast als typischer Lauerjäger auf Beute. Nur die Augen suchen unabhängig voneinander ruhelos und ruckartig die Umgebung ab, bis sie ein Futtertier erspähen. Das Tier dreht langsam den Kopf zum Opfer und ergreift es blitzschnell und zielsicher mit der Zunge. Wenn man einmal von der kurzen „Übungszeit" der Jungtiere absieht, treffen die Chamäleons praktisch immer.

Dieses erstaunlich gute Sehvermögen wurde schon oftmals untersucht, doch fanden erst die Biologen Matthias OTT und Frank SCHAEFFEL der Augenabteilung der Tübinger Universitätsklinik die Erklärung (OTT 1997; OTT et al. 1998). Sie stellten fest, dass die Chamäleons etwa viermal schneller als der Mensch die Krümmung und damit die Brechkraft der Linse verändern können und dass das Chamäleonauge einen für Wirbeltiere typischen Aufbau besitzt: So befindet sich hinter der Hornlinse, die den Hauptbeitrag zur Bildentstehung liefert, statt der üblichen Sammel- eine Zerstreuungslinse. Die Entfernungsbestimmung geschieht nicht, wie etwa beim Menschen, über das räumliche Sehen, sondern über die Schärfe der gesehenen Objekte, ähnlich wie bei einem Fotoapparat. Die maximale Sehschärfe wiederum wird durch die Größe des Abbildes auf der Netzhaut bestimmt. Je größer dieses ist, desto eher werden zwei Punkte auf zwei verschiedenen Sehzellen abgebildet und damit getrennt wahrgenommen. Dieses Bild vergrößern die Chamäleons auf ihrer Netzhaut ähnlich wie bei einem Galileischen Fernrohr, bei dem eine Sammellinse – beim Chamäleon die extrem gekrümmte Hornhaut – die Lichtstrahlen bündelt, während eine anschließende Zerstreuungslinse diese wieder auffächert. Dies hat zur Folge, dass ein Beuteobjekt auf der Netzhaut eines Chamäleons um etwa

15 % größer abgebildet wird als auf der Netzhaut eines Huhns mit vergleichbarem Augendurchmesser. Über die Scharfeinstellung misst das Tier nun die Entfernung zum Objekt und übermittelt diese Information an den Muskel der Zunge, die dann zielsicher zur Beute geschleudert wird.

Die übrigen Sinnesorgane seien nur kurz erwähnt. *Chamaeleo calyptratus* kann wie die meisten Chamäleons schlecht hören, da das Gehör im Lauf der Evolution zugunsten des überragenden Gesichtssinnes zurückgebildet wurde. Die Tiere sind zur begrenzten Lautäußerung befähigt. Es handelt sich um Verteidigungslaute, die an Fauchen oder Pfeifen erinnern. NEÇAS (1995) sagt dazu: „Wird ein Jemenchamäleon gereizt, gibt es einen knurrenden Laut von sich, der wenig intensiv, aber bis zu 30 cm Entfernung gut hörbar ist und eine Frequenz von ca. 210 Hertz hat. Dieser Laut, bislang nur durch eine Störung von mir ausgelöst, entsteht wahrscheinlich in dem vorderen Teil des Brustkorbs. Bei Jungtieren handelt es sich um einen Laut, den man als Pfeifen bezeichnen kann."

Sehr interessant erscheint mir noch ein Verhalten, von dem erstmals NEÇAS (1991) berichtet und das ich leider bisher nur bei wenigen Jemenchamäleons beobachten konnte. Berührte ich eines der entsprechenden Tiere, so bemerkte ich ein niederfrequentes vibrationsartiges Körperzittern, das dem „Brummen" eines Trafos ähnelte. RAXWORTHY (1991) vermutete anhand von Beobachtungen bei madagassischen *Brookesia*-Arten, dass diese Vibrationen unter Einbeziehung der Zwischenrippenmuskulatur erzeugt werden und eine Frequenz von 10–50 Hz aufweisen. Für *Chamaeleo calyptratus* untersuchten BARNETT et al. (1999) erstmals systematisch dieses Verhalten. Mittels kleinen, an den Sitzästen der Tiere montierten Sensoren maßen sie die einzelnen Vibrationssequenzen der Chamäleons in bestimmten Situatio-

Chamäleons können ihre Augen unabhängig voneinander bewegen.
Foto: W. Schmidt

Faszinierend ist die Effektivität des Chamäleon-Auges.
Foto: W. Schmidt

nen. Dabei stellten sie fest, dass sich bestimmte Sequenzen dem sichtbaren Balzverhalten der Männchen zuordnen ließen. Damit erscheint es wahrscheinlich, dass das niederfrequente Vibrieren unter anderem auch der innerartlichen Kommunikation dient. Während der Versuche zeigten aber auch Tiere beiderlei Geschlechts dieses Verhalten als Reaktion auf Berührungen, sodass einiges auch dafür spricht, dass es sich um ein Verteidigungsverhalten gegen kleinste Fressfeinde, wie z. B. Ameisen, handelt. Da dieses Verhalten sonst nur von Bodenbewohnern bekannt ist, scheint es eine Anpassung an das Schlafen in Bodennähe zu sein. Dafür spricht zudem, dass es auch im Schlaf gezeigt wird.

Zum Schluss noch kurz einige Anmerkungen zum Geruchssinn. Die Frage, ob Chamäleons durch die Nase riechen können oder nicht, ist wissenschaftlich bis heute nicht geklärt. Es spricht aber einiges dafür, dass die Echsen diesen nasalen Sinn fast vollständig zugunsten des optischen Sinnes zurückgebildet haben. Allerdings scheint ein zweites Geruchsorgan (das Jacobsonsche Organ, ein mit Riechepithelien ausgekleidetes paariges Gebilde, das am Ende der Nasengänge liegt) noch funktionsfähig zu sein. Die Aufnahme der Geruchsstoffe erfolgt durch Züngeln. Dies geschieht zwar nicht so wie bei Schlangen und Waranen, aber auf ähnliche Weise, indem die Chamäleons mit der Zunge kurz den Ast berühren, auf dem sie gerade sitzen. Dabei werden die Geruchsstoffe an den Speichel gebunden und im Jacobsonschen Organ durch Verdunstung analysiert. Eine weitere wichtige Aufgabe dieses Sinnesorgans scheint die Prüfung darzustellen, ob es sich bei einem gefangenen Objekt um ein fressbares Beutetier handelt oder nicht.

Dank ihres hervorragenden Seh-apparates sind präzise Schüsse mit der Zunge kein Problem.
Foto: W. Schmidt

Die Zunge

Die Art des Beutefangs der Chamäleons hat nicht nur die Menschen im Allgemeinen, sondern gerade auch die Wissenschaftler schon immer sehr interessiert. Diese Besonderheit war lange Zeit Anlass, die Chamäleons von den eigentlichen Echsen abzuspalten und als eigene Zwischenordnung der Wurmzüngler (Rhiptoglossa) anzusehen.

Heute gehört es schon zum Allgemeinwissen, dass die Chamäleons in der Lage sind, ihre Zunge aus dem Maul herauszuschleudern, ein Beutetier damit zu schießen und es anschließend in das Maul zu ziehen.

Dieser Vorgang läuft in Bruchteilen einer Sekunde ab und wird je nach Autor in fünf bis sechs Phasen eingeteilt:

1. Sobald ein Beutetier die Aufmerksamkeit des Chamäleons erregt hat und in dessen Schussweite gelangt, wird es mit beiden Augen fixiert.
2. Anschließend öffnet die Echse ihre Maulspalte so weit, dass man das keulenförmige Ende der Schleuderzunge erkennen kann. Je nach Stimmung des Reptils – die (wie sein Jagdverhalten insgesamt) in hohem Maß von Faktoren wie Hunger oder Sättigung, Helligkeit, Temperatur und Geschwindigkeit des Beuteobjektes beeinflusst wird – kann diese Phase von sehr unterschiedlicher Dauer sein.
3. Nun wird die Zunge blitzartig aus dem Maul geschleudert, um das Beutetier mit dem leicht keulenförmigen Ende sicher zu erbeuten. Kurz vor dem Auftreffen der Zunge auf das Beutetier bildet die Zungenspitze mittels zweier lippenartiger Strukturen eine Einwölbung, ähnlich wie ein Saugnapf. Diese Einwölbung wird auch beim Auftreffen auf das Beutetier zunehmend eingestülpt und erzeugt so einen Unterdruck, der die Beute ansaugt (HERREL et al. 2000). Zusätzlich befinden sich an der Zungenspitze einige winzige Drüsen, die eine (allerdings nicht klebrige) Flüssigkeit ausscheiden, die durch einen Adhäsionsmechanismus das Festhalten des Beutetiers unterstützt. Die eigentliche Haftkraft stammt bei diesem Vor-

Eingewöhnte Jemenchamäleons lassen sich auch gut von der Hand füttern. Foto: M. Schmidt

Typisch ist die Pendelbewegung beim Einziehen der Zunge. Foto: U. Dost

gang zu rund 70 % aus der Saugkraft der Einwölbung und zu 30 % aus der Adhäsionskraft.

Eine genauere Kenntnis dieses Vorgangs verdanken wir ALTEVOGT & ALTE-

Darstellung der ersten drei Phasen des Beuteschusses Zeichnung: E. Wallikewitz

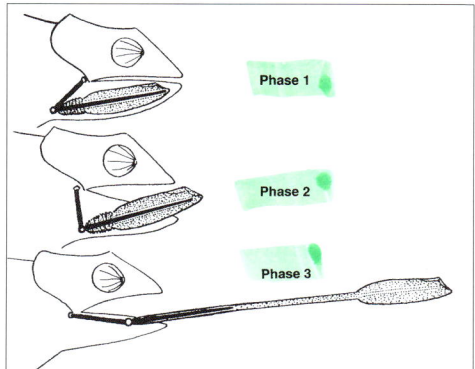

Phase 1

Phase 2

Phase 3

VOGT, die ihn 1954 exakt analysiert und dabei auch seinen zeitlichen Ablauf gemessen haben. Bei *Chamaeleo chamaeleon* nimmt z. B. die gesamte Phase 3 nur 0,039 bis 0,054 Sekunden in Anspruch!

4. Nachdem das Chamäleon seine Beute sicher gefasst hat, wird die Zunge unverzüglich zurück ins Maul gezogen – was etwa vier- bis fünfmal so langsam wie die gesamte Phase 3 abläuft. Wie schnell das Einholen der Zunge jedoch im Einzelfall tatsächlich möglich ist, hängt sehr stark vom Verhalten des jeweiligen Beutetieres ab. Sobald dieses ergriffen wurde, „pendelt" der Zungenkolben während des Zurückziehens eine Zeit lang – abhängig vom Gewicht des Beutetieres – nach unten, ehe er, für das menschliche Auge noch immer kaum wahrnehmbar, im Maul verschwindet. Zum Schutz seiner lebenswich-

Nicht immer wird die Nahrung über weite Distanz „geschossen". In diesem Fall geht das Chamäleon auf die Beute zu und „schießt" aus nächster Nähe. Foto: U. Dost

tigen Augen – die bei dieser Aktion von wehrhaften Beutetieren durchaus verletzt werden könnten – schließt das Chamäleon die Lider und zieht die Augäpfel weit in den Schädel zurück.

5. Die Beute wird nun mit Hilfe des Jacobsonschen Organs identifiziert bzw. analysiert, anschließend gründlich zwischen den kräftigen Kiefern zermalmt und schließlich geschluckt.

Wer mehr zu diesem Thema lesen möchte, dem sei das Buch *„Furcifer pardalis* – Das Pantherchamäleon" von MÜLLER, LUTZMANN & WALBRÖL (Natur und Tier - Verlag, Münster, 2004) empfohlen.

Aktivität und Verhalten

Chamaeleo calyptratus ist, wie die meisten Chamäleonarten, ein rein tagaktiver und gegenüber Artgenossen relativ unverträglicher Einzelgänger.

Alle Reptilien, zu denen ja auch die Chamäleons gehören, sind wechselwarme Tiere. Sie sind also im Gegensatz zu Säugetieren oder Vögeln nicht in der Lage, die erforderliche Körpertemperatur eigenständig durch physiologische Prozesse zu erreichen bzw. konstant zu halten. Somit sind sie abhängig von den umgebenden Klimabedingungen. Besonders wichtig sind dabei die Umgebungstemperatur und die Strahlungswärme.

Ihren Tag beginnen die Jemenchamäleons meist mit einem ausgiebigen Sonnenbad. Dieses findet im Terrarium i. d. R. unter einem Spotstrahler statt, wo die Tiere sich bis auf ihre Vorzugstemperatur erwärmen. Dafür platten sich die Echsen seitlich ab, um eine möglichst große Körperfläche der Sonne bzw. dem Strahler auszusetzen. Gleichzeitig färben sie sich mit Hilfe des Melanins dunkel, um möglichst viele Sonnen(=Wärme)strahlen aufnehmen zu können. Mit zunehmender Temperatur hellt sich die Färbung

auf, bis die Chamäleons bei Erreichen der Vorzugstemperatur ihre Normalfärbung zeigen und mit dem eigentlichen Tagesgeschäft, wie der Nahrungs- oder Partnersuche usw., beginnen. Steigen die Temperaturen noch weiter an, so ziehen sich die Chamäleons in den Schatten zurück und hellen ihre Grundfärbung deutlich auf. Reicht dies immer noch nicht, so versuchen sie, sich durch Hecheln mit geöffnetem Maul und die dadurch bewirkte Verdunstung zu kühlen.

Das Jagdverhalten der Chamäleons wird oft als „sit and wait"-Strategie bezeichnet. Damit ist gemeint, dass die Tiere auf der Lauer liegen und auf vorbeikommende Beutetiere warten. Dies stimmt aber nur zum Teil. Wer sich die Mühe macht, seine Jemenchamäleons den Tag

über zu beobachten, wird feststellen, dass es im Tagesablauf verhältnismäßig aktive Phasen gibt, während der die Tiere durch das Terrarium laufen und nach Futter suchen. Andererseits verbringen die Echsen tatsächlich einen großen Teil des Tages als reine Lauerjäger, indem sie unbeweglich auf einem Ast sitzen und nur mit den Augen ihre Umgebung absuchen.

Das Jemenchamäleon ist von Natur aus ein Einzelgänger. Lediglich für die kurze Paarungszeit sucht es die Nähe eines Geschlechtspartners. Entdeckt es einen Artgenossen, so erkennt es vermutlich bereits auf große Entfernung anhand des Aussehens die Artzugehörigkeit, das Geschlecht sowie die Stimmung des Gegenübers.

Treffen zwei Männchen aufeinander, so erwidert das „angenickte" Tier das Imponieren mit gleichem Verhalten. Dabei präsentieren die Chamäleons einander ein leuchtendes Farbkleid, vergrößern ihren Körper optisch und führen heftige Nickbewegungen aus. Normaler-

weise wird nun das kleinere Tier, oftmals aber auch der Eindringling in das fremde Revier, schnell das Weite suchen, ohne dass es zu einem echten Kräftemessen gekommen ist. Treffen sich jedoch zwei nahezu gleich starke Männchen (vor allem in der Paarungszeit, in der sie ihre angestammten Reviere verlassen und nach einem Weibchen suchen), so kommt es zu einer Art Kommentkampf, der nach festen Regeln abläuft und nur selten zu ernsteren Verletzungen führt. Die Männchen stellen sich einander gegenüber auf und präsentieren die leuchtendsten Farben sowie die größtmögliche Körperoberfläche. Während dieser Phase schwanken sie hin und her, führen heftige Nickbewegungen mit dem Kopf aus, spreizen die kleinen Occipitallappen ab und rollen den Schwanz zur weiteren optischen Vergrößerung auf. Wird dadurch noch keine Entscheidung herbeigeführt, drohen sie sich mit geöffnetem Maul, wobei sie die Lippen hochstülpen, ihre Zähne präsentieren und Zischlaute ausstoßen. Wendet sich immer noch keiner der Rivalen ab, kommt es zu ersten leichten Kampfhandlungen, wie dem gegenseitigen Stoßen oder Schlagen mit dem Kopf und insbesondere dem Helm bei geschlossenem Maul.

Ein imposantes männliches Tier
Foto: W. Schmidt

Drohendes Weibchen Foto: W. Schmidt

Diese Attacken richten sich fast immer gegen die präsentierte Körperseite. Führt auch das nicht zu einer Entscheidung, so folgt eine Beißerei, bei der sich die Tiere gegenseitig Rippenbrüche und Schlimmeres zufügen können. Das unterlegene Männchen färbt

Ist das Weibchen nicht paarungsbereit, zeigt es eine dunkle Färbung und droht dem balzenden Männchen. Foto: P. Neças

sich meist sehr schnell dunkel und sucht sein Heil in der Flucht.

Von einem ganz anderen Verhalten, den sogenannten Abwehrschüssen, berichtet erstmals MACHTS (2007). Er beobachtete eine erstaunliche Abwehrstrategie eines nicht paarungsbereiten Weibchens gegen ein sich näherndes Männchen. So zeigte dieses Weibchen nicht die typische Warntracht und drohte auch nicht mit aufgerissenem Maul oder Querwackeln. Vielmehr zeigte es eine hellere grünbraune Färbung und ließ das Männchen sich bis auf 10 cm nähern. Dann färbte es sich schlagartig wieder dunkel und führte einen Zungenschuss auf das Auge des Männchens aus. Rolf MÜLLER (mündl. Mittlg.) konnte dieses Abwehrverhalten ebenfalls bei einem großen Weichen gegenüber aufdringlichen Artgenossen und A. BÖHLE (mündl. Mittlg.) bei gemeinsam aufgezogenen Jungtieren beobachten.

Ähnlich aggressiv reagieren die Tiere auch auf potenzielle Feinde. So drohte beispielsweise ein großes *Chamaeleo-calyptratus*-Männchen, ein Wildfang, jedem Menschen, der das Zimmer betrat, durch ein leuchtendes Farbkleid sowie Aufrichten und Abflachen des Körpers. Zeigte dies noch keinen Erfolg, schlug das Tier mit dem Helm gegen die Frontscheibe seines Terrariums. Interessanterweise zeigte es dieses Verhalten nicht ganzjährig, sondern nur hin und wieder (ob es sich dabei um die Paarungszeit gehandelt hat, bleibt leider ungeklärt). Aber auch gegenteilige Charaktere sind in unseren Terrarien vertreten, also ängstliche Männchen, die sich lieber zu Boden fallen lassen, als ihren Pfleger oder eine andere Person einmal anzudrohen. Häufig sind solche Tiere auch schlechte Fresser. Über den Grund dieses schüchternen Verhaltens kann

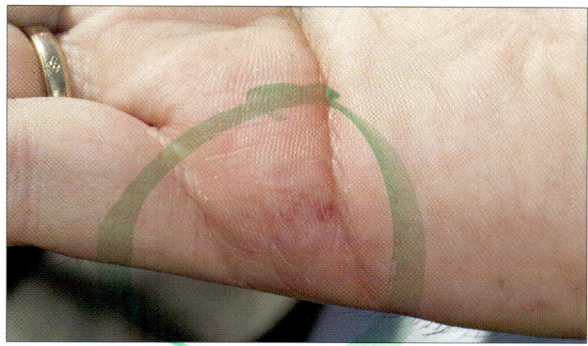

Zu schweren Verletzungen wird es sicher nicht kommen, jedoch können Jemenchamäleons mit ihren kräftigen Kiefern schmerzhafte Bisse austeilen. Foto: W. Schmidt

man nur spekulieren. Vielleicht liegt es daran, dass einige Terrarianer ihre Nachzuchten zu lange gemeinsam pflegen und sich so dominante und unterlegene Tiere herausbilden, die ihr Verhalten und oftmals auch ihre Demutsfärbung später nicht mehr ändern.

Wer mehr zu diesem interessanten und spannenden Thema erfahren will, dem seien die Bücher von NEÇAS (2004) und SCHMIDT, TAMM & WALLIKEWITZ (in Vorb.) empfohlen.

Männchen in Drohhaltung
Foto: W. Schmidt

Wie alt wird das Jemenchamäleon?

Bevor man ein Jemenchamäleon erwirbt, sollte man sich als Tierfreund und verantwortungsbewusster Terrarianer die Frage stellen, ob man imstande und/oder gewillt ist, über einen unter Umständen recht langen Zeitraum hinweg alle Maßnahmen zu treffen, die notwendig sind, um dieses Reptil bis an sein Lebensende artgerecht halten zu können.

Neben einem artgemäßen Terrarium erfordert dies unter anderem eine Versorgung mit lebenden Futtertieren, die oftmals bei anderen Mitbewohnern nicht so hoch im Kurs stehen wie die Chamäleons. Überdies ist es ratsam, sich von vornherein Klarheit über den für die alltäglich anfallenden Verrichtungen notwendigen Zeitaufwand zu verschaffen und auch das Problem der unter Umständen notwendigen „Urlaubsvertretungen" rechtzeitig zu klären. Dass Reptilien bei sachgerechter Pflege bisweilen sehr alt werden können, dürfte mittlerweile terraristisches Allgemeinwissen sein. Das gilt auch für Chamaeleo calyptratus. Verlässliche Altersangaben sind derzeit noch nicht verfügbar, doch sollte es ein kräftiges Männchen auf mindestens fünf Jahre und ein Weibchen auf über drei Jahre bringen. Wer seine Tiere möglichst lange am Leben halten möchte, sollte die Klimaschwankungen im Jahresverlauf und die Tag-Nacht-Schwankungen des natürlichen Verbreitungsgebiets nach Möglichkeit imitieren. Ein von Jan MEERMAN im Juli 1985 bereits adult gefangenes Männchen von Chamaeleo calyptratus lebte bei Veronika MÜLLER bis Ende 1993, das dazugehörige Weibchen bis Anfang 1992. Normalerweise beträgt die Lebenserwartung eines sich regelmäßig vermehrenden Weibchens im Terrarium allerdings nur etwa „drei bis fünf Gelege", mit anderen Worten gut zwei Jahre.

Männchen des Jemenchamäleons können über fünf Jahre alt werden. Foto: W. Schmidt

Die Anschaffung eines Jemenchamäleons

Einleiten möchte ich diesen Abschnitt mit einigen allgemeinen Bemerkungen zur Chamäleonhaltung von Irene & Günther MASURAT (1996), die es bisher als Einzige geschafft haben, eine Chamäleonart (*Chamaeleo jacksonii*) bis in die neunte Generation im Terrarium zu pflegen:

„Chamäleonhaltung ist äußerst arbeitsintensiv. Nach unserer Einschätzung kann man den vielfältigen Anforderungen hinsichtlich Unterbringung, Pflege, Futterbeschaffung und Technik, insbesondere bei den Jungtieren, nur zu zweit nachkommen, vor allem über längere Zeiträume. Wichtig erscheint uns, dass sich die persönlichen Eignungen der Pfleger gegenseitig ergänzen.

Chamäleons kann man mit Erfolg nicht neben einer Vielzahl anderer Tiere oder sonstiger Hobbys halten. Schon die Einbeziehung anderer Chamäleonarten kann sich nachteilig auswirken, weil die der Hauptart gewidmete Intensität nachlässt.

Irrig ist die Annahme, man könne im Alleingang langfristig zu besonderen Erfolgen gelangen. Zuchterfolge verlangen eine gewisse Größe der Zuchtgruppen. Dies lässt sich beim einzelnen Terrarianer unter den häufig beschränkten räumlichen Bedingungen privater Terraristik meist nicht bewerkstelligen. Wir hatten das Glück, einem Kreis von Gleichgesinnten anzugehören, die sich intensiv mit dieser Art befassten, zwischen denen ohne kommerzielle Überlegungen Tiere derselben Linie abgegeben, getauscht oder für die Zucht zur Verfügung gestellt wurden, um z. B. Geschwistervermehrungen zu vermeiden."

Es ist selbstverständlich, dass man sich vor der Anschaffung eines Jemenchamäleons ausgiebig mit den Erfordernissen (Studieren der entsprechenden Fachliteratur, erfahrene Pfleger um Informationen bitten, wie z. B. am Stand der DGHT-AG Chamäleons, der auf zahlreichen Terraristikbörsen zu finden ist, usw.) auseinandersetzt und seine Entscheidung sorgfältig abwägt. *Chamaeleo calyptratus* gehört zwar zu den leicht zu pflegenden und zu vermehrenden Chamäleonarten, dennoch sollte man sich darüber im Klaren sein, dass ein gewisser zeitlicher und finanzieller Aufwand erforderlich ist. Hier sollte man ruhig 30 Minuten täglich fest einplanen, da zur Pflege nicht nur die reine Versorgung und gegebenenfalls

Regelmäßig werden Nachzuchten des Jemenchamäleons angeboten. Foto: P. Neças

Dass dieses schlafende Tier krank ist, lässt sich schnell an Haltung und Form des Schwanzes erkennen. Die Abbildung darunter zeigt die Schwanzhaltung eines gesunden, schlafenden Tieres. Fotos: W. Schmidt

das Betreiben einer Futterzucht gehört (dann kommt man sicherlich mit den 30 Minuten nicht mehr aus), vielmehr muss man seine Tiere auch möglichst täglich beobachten, um zu erkennen, ob sie gesund, paarungsbereit usw. sind. Auch den finanziellen Aspekt sollte man nicht unterschätzen. Die Anschaffung eines Chamäleons ist generell kostspielig. Dabei schlägt nicht so sehr der Preis der Tiere ins Gewicht, aber die Kosten für das Terrarium und das technische Equipment können leicht mehrere Hundert Euro ausmachen. Weiterhin fallen auch laufende Kosten durch Stromverbrauch, der abhängig von der technischen Ausstattung und dem Tarif des Anbieters ist, Beschaffung von Futtertieren sowie mögliche tierärztliche Untersuchungen an.

Die Anschaffung eines Jemenchamäleons stellt heute keinerlei Problem mehr dar, sind doch Nachzuchten in großer Stückzahl auf Terraristikbörsen und im zoologischen Fachhandel sowie bei erfolgreichen Chamäleonliebhabern erhältlich. Doch wie erkennt man, in welchem Gesundheitszustand sich das Tier befindet? Hierzu lassen sich leider keine Patentrezepte geben, sondern nur Anhaltspunkte. So sollte das Tier tagsüber aktiv sein und nicht schlafen. Rege umherlaufende Echsen sind müde in der Ecke sitzenden immer vorzuziehen. Zeigen Sie hier kein falsches Mitleid, sonst wird es Ihnen später leid tun! Freude bereiten einem nur gesunde und kräftige Tiere. So dürfen beispielsweise die Augen nicht eingefallen in den Augenhöhlen liegen, sondern müssen immer prall herausstehen. Gesunde Tiere zeigen immer kräftige Farben, und die Haut hängt nicht schrumpelig am Körper. Auch sollten keine Häutungsrückstände vorhanden sein, und der Schwanz (er gibt am besten Auskunft über den Ernährungszustand) sollte nicht nur aus Haut und Knochen bestehen.

Aber auch wenn Sie dies alles beachten, gehört noch eine gewisse Portion Glück dazu, ein gesundes und einwandfreies Tier zu erwerben.

Daher ist es oft besser, sich direkt an einen Züchter zu wenden und seine Angaben durch persönliche Inaugenscheinnahme zu überprüfen. Dieser kann Ihnen dann auch gleich alle zusätzlichen Informationen über eine artgerechte Haltung geben und Ihre Fragen beantworten.

Doch wie kommt man an die geeigneten Chamäleonliebhaber? Am leichtesten, indem man im Internet die Kleinanzeigen unter www.reptilia.de oder im Mitgliederbereich der DGHT (www.dght.de) studiert oder dort eine Suchanzeige aufgibt. Ferner existiert im Rahmen der DGHT noch die „Arbeitsgemeinschaft Chamäleons" (derzeitige [2008] Kontaktadresse: Ulrike Walbröl, Breslauer Str. 19, 53913 Swisttal-Morenhoven, sonst über DGHT-Geschäftsstelle erfragen), die regelmäßig zwei Rundbriefe pro Jahr mit Informationen über diese Tiere verschickt, in dem auch Gesuchsanzeigen Erfolg bringen. Zu den weiteren Aktivitäten der AG gehört ein jährliches Treffen in Boppard am Rhein, zu dem Besucher immer herzlich eingeladen sind.

Eine immer bedeutender werdende Möglichkeit, Chamäleons zu erwerben und abzugeben, stellen die zahlreichen Terraristikbörsen dar. Gerade hier ist es erforderlich, die

Tiere so unterzubringen, dass alle Stressfaktoren so weit wie möglich reduziert werden. Die Behelfsquartiere sollten daher ausreichend groß bemessen sein und geeignete Kletteräste zum Sitzen sowie gegebenenfalls als Sichtschutz geeignete Kunststoffpflanzen oder Ähnliches aufweisen. Falls mehrere Behälter nebeneinander aufgestellt werden, muss auch dafür gesorgt werden, dass sich die Tiere während der Präsentation nicht gegenseitig sehen können.

Egal, wo Sie Ihr Tier erwerben, ob von einem privaten Züchter, auf einer Reptilienbörse oder in einem Zoofachgeschäft, nehmen Sie immer einen geeigneten Transportbehälter mit. Geeignet sind beispielsweise sogenannte Pet-Boxen, kleine Kunststoffbehälter mit einem Lüftungsdeckel. Der Boden sollte mit Küchenpapier ausgelegt sein, damit während des Transports abgegebene Exkremente aufgenommen werden. Zusätzlich sollte ein kleiner Ast, der als Sitzplatz dient, fest in die Dose eingeklemmt werden. Während des Transportes muss eine Überhitzung oder Unterkühlung des Chamäleons vermieden werden. Thermostabile Styroporboxen leisten hierbei gute Dienste.

Bereiten Sie rechtzeitig vor dem Erwerb der Tiere alles Notwendige zu deren Unterbringung und Versorgung vor. Bereits einige Tage vor dem Kauf und dem Einzug der Tiere sollte das Terrarium eingerichtet werden, da spätere Umbauarbeiten die Chamäleons nur unnötig

Achten Sie auch speziell auf die Augen des Tieres. Foto: W. Schmidt

stressen würden. Gleichzeitig werden die Haltungsparameter wie Temperatur und relative Luftfeuchtigkeit überprüft und gegebenenfalls noch auf Idealbedingungen eingestellt. Auch geeignete Futtertiere müssen rechtzeitig angeschafft und versorgt werden. Stellen Sie rechtzeitig sicher, dass Sie einen zuverlässigen Futtertieranbieter ausfindig machen oder sich eigene Futtertierzuchten anlegen, damit es später nicht zu Engpässen bei der Versorgung Ihrer Pfleglinge kommt. Auch ein geeignetes Mineralstoff- und Vitaminpräparat zum Einstäuben der Futtertiere sowie das gesamte noch erforderliche Zubehör, wie beispielweise ein Drucksprühgerät (Gartenspritze, in jedem Gartencenter oder Baumarkt erhältlich), eine Futterpinzette, eine Pipette usw. sollten rechtzeitig vorhanden sein.

Nur beim Erwerb von Jungtieren kann man sich über das Alter seiner Chamäleons sicher sein. Foto: W. Schmidt

Voraussetzungen für die Nachzucht

Mit der Geschlechtsreife verändert sich das Verhalten der Männchen zu Artgenossen vehement. Foto: W. Schmidt

Die wichtigste Voraussetzung für eine erfolgreiche Nachzucht des Jemenchamäleons ist natürlich eine artgerechte Pflege in einem geeigneten Terrarium, wozu auch das annähernde Nachempfinden des natürlichen Klimas, eine ausgewogene Ernährung und ein gesundes, gut harmonierendes Chamäleonpärchen gehören.

Außerdem ist es wichtig zu wissen, wie alt die Tiere überhaupt sind; zum einen kann es sein, dass sie noch gar nicht die Geschlechtsreife erreicht haben, zum anderen, dass sie bereits zu alt sind, um sich noch fortzupflanzen. Wer daher ganz sichergehen will, besorgt sich immer Nachzuchten von einem ihm bekannten Züchter.

Angaben, ab welchem Alter die Geschlechtsreife in der Natur eintritt, liegen nicht vor. Im Terrarium ist dies in der Regel bereits mit neun Monaten der Fall. NEČAS (1995) gibt an, dass die Nachzuchten im Extremfall bereits in vier Monaten bis zur Geschlechtsreife gebracht werden können. Die ganze Entwicklung ist natürlich stark von Umweltfaktoren wie Nahrung, Temperatur, Photoperiode usw. abhängig.

Auch beim Jemenchamäleon ist in der Natur die Reproduktionsperiode an die Jahreszeiten gekoppelt. So erfolgt die Paarungszeit dort immer in den Monaten September und Oktober, und einige Wochen später vergräbt das Weibchen sein Gelege. Die Frage, warum diese in der Natur monozyklische Art (eine Spezies, die sich nur einmal im Jahr fortpflanzt) sich im Terrarium polyzyklisch verhält, sich also mehrmals im Jahr paart und auch Eier legt, lässt sich nur spekulativ beantworten. Wahrscheinlich hängt dies mit dem Nahrungsangebot zusammen. Wäh-

Es sollte das Bestreben der Terraristik sein, die Tiere nicht nur artgerecht zu pflegen, sondern sie auch regelmäßig zur Fortpflanzung zu bringen. Dies ist bei *Chamaeleo calyptratus* verhältnismäßig einfach, da er insgesamt als recht anspruchslos gilt. Dies darf man aber nicht falsch verstehen, „anspruchslos" sind die Tiere nur im Vergleich zu anderen Arten der Echten Chamäleons – nicht aber zu anderen, wirklich anspruchslosen Reptilien. Deshalb sind auch bei der Pflege dieser Spezies einige Dinge zu bedenken und zu beachten.

rend dieses in der Natur von allen Autoren als äußerst spärlich bezeichnet wird, werden die Tiere im Terrarium üblicherweise zu viel und vielleicht auch zu ballaststoffarm gefüttert.

Nun mag mancher Terrarianer sagen: „Ist doch in Ordnung, wenn die Chamäleons bereits in vier Monaten geschlechtsreif sind und Eier legen, bis sie vom Ast fallen". Doch so einfach ist es nicht, es sei denn, man betrachtet seine Tiere ausschließlich als „Legehennen" (dies ist zumindest auf den Reptilienfarmen in den USA schon so üblich – Chamäleons als Massenware), nicht als individuelle Terrarientiere, denen man viel Zuwendung und Liebe widmet.

Folgen dieser unnatürlichen Haltung (zu üppige Ernährung, aber nicht zu vergessen auch die Vergesellschaftung zahlreicher Jungtiere über einen zu langen Zeitraum) sind eine deutlich geringere Lebenserwartung und wahrscheinlich auch die oft zu be-

obachtende hohe Sterblichkeit ungefähr zum Zeitpunkt des Erreichens der Geschlechtsreife.

Für langjährige Vermehrungserfolge ist es ferner von ganz besonderer Wichtigkeit, bei den Nachzuchten eine gewisse Auslese zu betreiben. Das fängt bereits beim Schlupf der Jungtiere an. So sollten alle Jungtiere, die nicht aus eigener Kraft aus dem Ei schlüpfen, darin belassen werden. Sind die kleinen Chamäleons geschlüpft, so muss man alle Tiere mit Missbildungen und die sogenannten „Kümmerlinge" sofort aussortieren, denn nur mit einwandfreien, kräftigen und gesunden Tieren sollten weitere Nachzuchten erzielt werden (leider wurden verschiedene Formen dieser Art importiert und wahllos miteinander gekreuzt, sodass in unseren Terrarien vermutlich keine reinerbigen Tiere einer bestimmten Population existieren).

Die Weibchen zeigen ihre Paarungsbereitschaft auch durch ihre Färbung an, wie hier zu sehen.
Foto: R. Müller

Weibchen haben einen weniger ausgeprägten Helm. Foto: W. Schmidt

Fersensporn eines Männchens Foto: W. Schmidt

Geschlechtsunterschiede

Für eine erfolgreiche Nachzucht des Jemenchamäleons ist unabdingbare Voraussetzung, dass man die Geschlechter der Tiere mit Gewissheit bestimmen kann.

Glücklicherweise bereitet dies bei *Chamaeleo calyptratus* keinerlei Probleme. Bereits bei

Auch an der verdickten Schwanzwurzel lassen sich die Männchen erkennen. Zeichnung: M. Schmidt

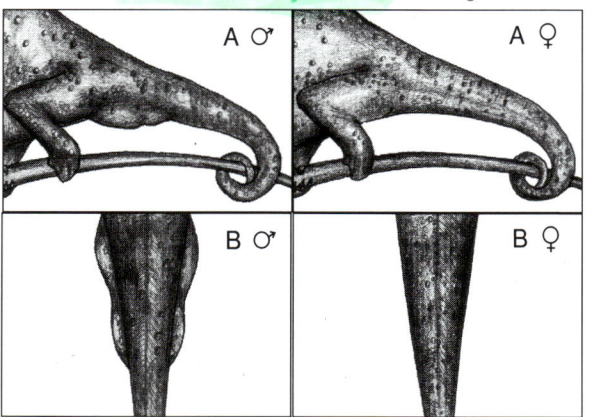

frisch geschlüpften männlichen Jungtieren kann man die Fersensporne an den Hinterfüßen auch mit vergleichsweise ungeübtem Auge deutlich erkennen: Sie sehen aus wie kleine, nach hinten abstehende Höcker, die genau auf der Hacke sitzen. Im Lauf der Entwicklung kommt dann noch die Färbung hinzu, und auch die Körperproportionen entwickeln sich unterschiedlich. Geschlechtsreife Männchen sind meist deutlich größer als die Weibchen und besitzen einen etwa doppelt so hohen Helm und stärker ausgeprägte Kämme. Aber auch die primären Geschlechtsmerkmale sind deutlich erkennbar. Bei den Männchen fällt auf, dass die Schwanzwurzel leicht verdickt ist, was man beim Betrachten von der Seite und von oben gut erkennen kann. Dort befinden sich, in Hauttaschen verborgen, die Hemipenes, von denen jeweils einer zur Paarung durch die Kloakenöffnung herausgeschoben wird. Die Weibchen hingegen weisen einen sich bis zum Ende gleichmäßig verjüngenden Schwanz auf.

Balz- und Paarungsverhalten

Zum Fortpflanzungsverhalten gehören das Balzritual und die eigentliche Kopulation.

Setzt man ein Chamäleonweibchen zu einem Männchen ins Terrarium, so „begrüßt" das Männchen seine Artgenossin durch leichte Nickbewegungen; anhand der Erwiderung und der Färbung seines Gegenübers versucht es, zu erkennen, wie es um die Stimmung des Weibchens steht. Oft reagieren die Weibchen jedoch auf dieses Nicken erst einmal gar nicht. Sofort beginnt das Männchen daraufhin mit der Balz. Dafür legt es sein schönstes Farbkleid an und flacht seine Körperseiten weit ab, um dem Weibchen die größtmögliche Breitseite zu präsentieren. Das Männchen nähert sich nun unter schaukelnden und nickenden Bewegungen, wobei es sich abwechselnd aufbläst und die Breitseite präsentiert. Diese Annäherung erfolgt immer auf eine für Echte Chamäleons eher etwas zögerlich anmutende Weise. Ist das Weibchen nicht paarungsbereit, so wechselt es seine Grundfärbung in ein dunkles Braun bis Schwarz, teilweise mit leuchtenden Zeichnungselementen, führt mit dem Kopf leichte Pendelbewegungen aus und läuft davon. Unerfahrene Männchen versuchen oft, das Weibchen einzuholen, woraufhin dieses sich umdreht und das Männchen verbeißt. Die Männchen des Jemenchamäleons besitzen zumindest eine gewisse Beißhemmung gegenüber den Weibchen, denn werden sie wie in der oben geschilderten Situation bedroht, so wehren sie sich nur defensiv mit gezielten Stößen von Kopf und Helm.

Ist das Weibchen jedoch paarungsbereit, so beachtet es das Männchen auch wei-

terhin nicht und läuft nur langsam seines Weges. Sobald das Männchen das Weibchen eingeholt hat, versucht es, dieses durch einige leichte Stöße mit dem Helm in die Seite am Weiterlaufen zu hindern. Anschließend klettert es von hinten auf das Weibchen, woraufhin dieses seinen Schwanz ein wenig in die Höhe hebt. Dann schiebt das Männchen seine Kloaken-

Ein Männchen nähert sich einem paarungsbereiten Weibchen.
Foto: P. Neças

Das Männchen hindert das Weibchen am Weiterlaufen. Foto: W. Schmidt

Das Männchen steigt auf das Weibchen. Foto: P. Neças

Es kommt zur Paarung. Foto: P. Neças

öffnung unter die des Weibchens. Die Kopulationsdauer beträgt in der Regel etwa zwischen drei und 30 Minuten. Häufig paaren sich die Tiere mehrmals täglich, teilweise auch an bis zu vier Tagen hintereinander. Die Paarungsbereitschaft der Weibchen tritt erstmals kurz nach Erreichen der Geschlechtsreife ein und dauert dann ein bis zwei Wochen an. Später setzt sie – je nach Haltung – zwischen drei und zehn Wochen nach der letzten Eiablage ein. Werden die Chamäleons jedoch nicht übermäßig, sondern eher knapp gefüttert und zudem bei einer starken Nachtabsenkung der Temperaturen gepflegt, so tritt die Paarungsbereitschaft nur ein- bis zweimal im Jahr ein (R. MÜLLER mündl. Mittlg.).

Insgesamt lässt sich sagen, dass das Balz- und Paarungsverhalten des Jemenchamäleons sehr differenziert ist und es noch viel zu entdecken gibt, insbesondere wenn man die Möglichkeit hat, Beobachtungen in der freien Natur zu machen.

In der Terrarienpraxis setzt man, soweit die Tiere einzeln gepflegt werden, zur Paarung immer das Weibchen in das Terrarium des Männchens. Im umgekehrten Fall würde sich das Männchen erst einmal orientieren müssen, bevor es zur Balz und zur Paarung schreitet, was unter Umständen sehr lange dauern kann. Während der ganzen Zeit dieser Vergesellschaftung sollte man dabei bleiben, um bei womöglich auftretenden Beißereien eingreifen zu können.

Noch ein Punkt muss an dieser Stelle kurz angesprochen werden: Wer seine Echsen möglichst artgerecht pflegen will, wird versuchen, die Anzahl der Gelege pro Jahr zu begrenzen. Dies ist aber leichter gesagt als getan, denn die Weibchen produzieren auch weitere Gelege, ohne sich erneut zu paaren. Die Spermaspeicherung (auch Vorratsbefruchtung oder Amphigonia retardata genannt) sorgt dafür, dass diese weiteren Gelege zumindest zum Teil befruchtet sind. Soweit eigentlich so gut, doch zeigt sich in der Praxis, dass die Weibchen bei Eiablagen ohne vorher stattgefundene Paarung eher zur Legenot neigen (hierunter versteht man, dass ein hochträchtiges Weibchen aus irgendwelchen Gründen nicht in der Lage ist, die Eier abzusetzen) und dadurch möglicherweise sterben. Dies gilt gerade für junge Weibchen, bei denen die Eibildung erstaunlicherweise nicht durch eine Paarung ausgelöst wird. Es liegen aber auch andere Erfahrungen zu diesem Thema vor. So berichtet R. MÜLLER (mündl. Mittlg.), dass ihm eine Reduzierung der Gelege durch eine knappe Fütterung vor dem Eintritt der Fruchtbarkeit und einer Pflege bei kühlen Nachttemperaturen gelungen ist.

Trächtigkeit, Eiablage, Zeitigung und Schlupf

Man kann ein mit einem für die Eiablage geeigneten Substrat gefülltes Behältnis eine gewisse Zeit vor der Ablage in das Terrarium stellen. Fotos: A. Grund

Hat die Paarung zu dem gewünschten Erfolg geführt, zeigen die Weibchen einen enorm gesteigerten Appetit und müssen besonders reichhaltig und möglichst hochwertig ernährt werden. Insbesondere auf eine ausreichende Versorgung mit Vitaminen, Mineralstoffen und bestimmten Aminosäuren ist zu achten. Dafür wird (wie üblich) das gesamte Futter immer gut mit „Korvimin ZVT + Reptil", „Herpetal Complete/Mineral" oder einem ähnlichen Präparat eingestäubt.

In der ersten Zeit der Trächtigkeit nehmen die Weibchen schnell an Körperumfang zu. Optimal gepflegte Tiere, die nur ein oder zwei Gelege im Jahr mit einer maximal mittleren Eizahl ablegen, weisen das folgende Problem nicht auf: Spätestens eine Woche vor der Eiablage, oft aber früher, reduzieren sie die Nahrungsaufnahme oder stellen sie sogar ganz ein. Dies ist bei gut ernährten Tieren kein Problem, doch kann es bei Weibchen, die durch zahlreiche Eiablagen bereits ausgelaugt oder allgemein in einem schlechten Ernährungszustand sind,

zu Schwierigkeiten führen. Sicherheitshalber erhalten diese Chamäleons daher ein hochwertiges und leicht verdauliches Futtertier zwangsgefüttert. Bewährt haben sich insbesondere frischgeborene Mäuse, von denen etwa alle zwei Tage eine gereicht wird, bis die Weibchen wieder von selbst fressen.

Da die sonst relativ ruhigen und robusten Chamäleonweibchen während der Trächtigkeit sehr stressanfällig sind, sollten sie auf jeden Fall einzeln gepflegt werden. Während dieser Zeit ändern die Weibchen ihre Warnfärbung. Wenn sie sich durch ein das gleiche Terrarium bewohnendes Männchen bedroht fühlen, werden sie grellbunt, wodurch das Männchen von weiteren Paarungsversuchen abgehalten werden soll. Die Weibchen neigen nun auch erheblich schneller zu Beißereien usw. (Näheres siehe im Kapitel „Färbung als Sprachersatz").

Jetzt ist es unerlässlich, für geeignete Eiablageplätze zu sorgen. An diese werden sehr spezielle Ansprüche gestellt. Das Fehlen geeigneter Eiablagestellen im Terrarium

Für die Eiablage muss dem Weibchen ein geeigneter Platz zur Verfügung stehen. Foto: A. Grund

kann zu Legenot und damit sogar zum Verlust des Weibchens führen. Ideal ist ein spezielles „Ablageterrarium" mit einer ca. 20 cm hohen, immer leicht feuchten Substratschicht, in der die Weibchen für ihre Nester richtige Höhlen graben können. Das Substrat sollte eine Konsistenz aufweisen, die es den Tieren ermöglicht, leicht darin zu graben, zugleich aber dafür sorgt, dass die Höhle trotzdem stabil bleibt. Geeignet ist Sand, der nicht zu fein- und scharfkörnig sein darf, und dem sorgfältig ein geringer Lehmanteil untergemischt wird.

Eine andere häufig praktizierte Methode, die aber viel Erfahrung erfordert, besteht darin, das Weibchen am Ablagetag – den man bestimmen können muss! – aus dem Terrarium zu nehmen und in einen mindestens 20 Liter fassenden Eimer zu setzen, der eine ca. 20 cm hohe, leicht feuchte und mäßig warme Substratschicht enthält. Stimmt der Zeitpunkt, so fangen die Weibchen, wenn sie sich ungestört fühlen, sofort mit dem Graben an und legen anschließend ihre Eier. NEÇAS (1995) gibt sogar als Eiablagebe-

hälter eine 5-Liter-Flasche mit einer 12–15 cm hohen Substratschicht an. Wenn sie die Ablagestelle angenommen haben, vergraben die Weibchen ihre Eier am Ende des Ganges im Bodengrund.

Die Dauer der Trächtigkeit ist abhängig von den Haltungsbedingungen und dem Nahrungsangebot; sie beträgt im Schnitt 20–30 Tage. Jedoch führen die Weibchen bereits einige Tage vor der eigentlichen Eiablage zahlreiche „Probegrabungen" durch, um den besten Eiablageplatz zu ermitteln. Bei einer freien Pflege im Zimmer, Wintergarten oder Gewächshaus kommt es oft auch vor, dass die Weibchen mit einem relativ kleinen Blumentopf vorlieb nehmen, sodass manche Eiablage sogar unbemerkt bleibt. In jedem Fall sollten aber zur Sicherheit geeignete Großgefäße zur Eiablage angeboten werden.

Vergleicht man die bevorzugten Eiablageplätze, so stellt man immer wieder fest, dass am liebsten feuchte und warme Stellen gewählt werden. Um den Weibchen das Suchen nach einem geeigneten Ansatzpunkt

Das Weibchen hebt eine Höhle für die bevorstehende Eiablage aus. Foto: P. Neças

Das Weibchen legt die Eier in die vorbereitete Höhle. Foto: P. Neças

zum Graben im Substrat zu erleichtern, kann man eine flache Steinplatte oder Ähnliches auf die feuchte Erde legen, an deren Kante die Tiere meist zu graben beginnen (dabei muss natürlich gewährleistet sein, dass diese Platte nicht untergraben werden und das Chamäleon zerquetschen kann).

Nach der Eiablage verschließt das Weibchen die ausgehobene Höhle wieder sehr sorgfältig. Anschließend stampft es den Bodengrund darüber sogar regelrecht fest, sodass man Schwierigkeiten hat, zu erkennen, ob die Eiablage bereits erfolgt ist oder nicht. Leichter sieht man dies schon seinem Weibchen an, da es entweder recht eingefallen aussieht oder Erdreste am Körper haften und keine Spuren einer Grabetätigkeit mehr im Terrarium zu erkennen sind (denn Probegrabungen werden nicht wieder sorgfältig zugeschüttet). Wer sein Tier jedoch in einem wunderschön dekorierten Landschaftsbecken pflegt und nicht jedes Mal das gesamte Erdreich durchwühlen will, um das Gelege zu finden, der kann mit unterschiedlich farbigem Sand etc. arbeiten: Wenn man die Oberfläche einfach 1 cm hoch mit einem anders gefärbten Sand bedeckt, erkennt man sofort, ob und wo gegraben wurde.

Von einigen Chamäleon-Arten liegen Beobachtungen zum Brutpflegeverhalten in Form von Beschützen des Eiablageplatzes vor. Für *Chamaeleo calyptratus* berichtet MACHTS (2007) erstmals von solchen Beobachtungen: „Nach der Eiablage des Weibchens versorgte ich sie mit reichlich Wasser und Futter. Ich wartete noch eine gewisse Zeit mit dem Freilegen des Geleges, um das erschöpfte Tier noch in Ruhe zu lassen. Als ich nun endlich das Gelege freilegte, kam das Weibchen erneut zum Gelege und schaufelte es wieder zu.“

Wie alle weichschaligen Eier, sollten auch die des Jemenchamäleons immer sofort aus dem Terrarium entnommen werden, damit sie nicht anderen Terrarienmitbewohnern oder aber Futtertieren wie Grillen, Schaben usw.

Nach der Eiablage verschüttet das Weibchen die Höhle und stampft den Boden wieder glatt.
Foto: A. Grund

zum Opfer fallen. Danach können sie unter kontrollierten Bedingungen erbrütet werden.

Bei der Entnahme der Eier sollte man äußerst vorsichtig vorgehen. Am besten wird das Gelege erst freigelegt; anschließend sollten die Eier an der Oberseite mit einem weichen Bleistift gekennzeichnet werden, damit sie bei der Entnahme nicht verdreht werden können. Insgesamt lässt sich sagen, dass die Eier des Jemenchamäleons eher unempfindlich sind. Sie werden in eine mit einem mäßig bis gut feuchten Substrat hälftig gefüllte, klarsichtige Plastikdose überführt, in der sie etwa zur Hälfte bis zu zwei Dritteln eingegraben werden.

Wie schon erwähnt, sind die Weibchen im Terrarium in der Lage, mehrere Gelege pro Jahr zu produzieren (was aber möglichst nicht angestrebt werden sollte), zwischen denen etwa 90 bis 120 Tage liegen. Dies entspricht also drei bis vier Gelegen pro Jar, deren Größe zwischen 12 und 85 Eiern schwankt. Jedoch liegt die Eizahl im Durchschnitt bei 30 bis 40. Entsprechend ihrer Anzahl schwanken auch das Gewicht und die Größe der ovalen Eier bei der Ablage. Im Durchschnitt wiegen sie 1–1,5 g und messen 9–11 x 15–17 mm. Kurz vor der Eiablage kann das Gewicht der herangereiften Eier bis zu 50 % des Gesamtgewichts des Weibchens ausmachen.

Die Eier lassen sich am besten in Perlit und Vermiculit zeitigen, doch kommen hierfür auch Sand oder ein Sand-Torf-Gemisch in Frage. Allerdings sollte man beim Kauf des künstlichen Inkubationssubstrats sicherstellen, dass es für die Pflanzenkultur und ähnliche Zwecke gedacht ist. Wenn Vermiculit beispielsweise als Isoliermaterial für Bauzwecke dienen soll, ist es oft mit Imprägniermitteln versetzt, die zersetzend auf die Eischalen einwirken. Ähnlich katastrophale Folgen können oft auch die Zusätze im käuflichen Vogelsand verursachen.

Ein Inkubator, in dem ...

... Heimchendosen mit Vermiculit als Brutsubstrat gefüllt stehen. Fotos: W. Schmidt

Wie erkennt man die ideale Substratfeuchte? Hier haben sich zwei unterschiedliche Methoden durchgesetzt: zum einen die sehr genaue Wiegemethode von KÖHLER (1997). Dabei werden Vermiculit und Wasser in einem bestimmten Gewichtsverhältnis gemischt. Bei *Chamaeleo calyptratus* hat sich eine Mischung von einem Gewichtsanteil mittlerem Vermiculit auf zwei Anteile Wasser (Wasserpotential ca. –200 kPa) bewährt. Mittels einer Haushaltswaage mit Grammskala lässt sich das Mischungsverhältnis ausreichend genau bestimmen und durch spätere Kontrollen ein Wasserverlust messen, der dann gegebenenfalls durch Zugabe von Wasser ausgeglichen werden muss.

Die andere Möglichkeit, eine geeignete Substratfeuchte zu erlangen, besteht darin, dass man das Vermiculit zunächst völlig durchfeuchtet und anschließend vorsichtig in einem Handtuch ausdrückt. Grundsätzlich sollte sich im Zeitungsbehälter niemals vom Substrat nicht aufgenommenes Wasser befinden; auch darf kein Kondenswasser auf die Eier tropfen können. Steht der Behälter in einem stets gleichwarmen Inkubator, bildet sich meist kein Kondenswasser; wohl aber, wenn die Eier bei wechselnden Temperaturen gezeitet werden. Damit nun das Schwitzwasser nicht vom Deckel auf die Eier tropft, stellt man den Behälter leicht schräg, indem man z. B. ein Streichholz

o. Ä. unter eine Ecke legt. Dadurch wird das Wasser über den Rand in das Substrat zurückgeleitet.

Wie aber stellt man nun fest, ob das verwendete Zeitigungssubstrat die richtige Feuchtigkeit aufweist? Vergleichsweise einfach lässt sich dies bei Perlit abschätzen: hier sollte es allenfalls im Bodenbereich zu einer minimalen Kondensation kommen. Bei Vermiculit kann man die Substratfeuchte prüfen, indem man eine Probe zwischen den Fingern zerdrückt: Tritt hierbei noch sichtbar Flüssigkeit aus, so sollte man die Substanz peu à peu mit noch trockenem Vermiculit vermischen, bis die Fingerkuppen beim Drücken nur noch leicht befeuchtet werden.

Prinzipiell ist es sinnvoll, sich bei dieser Frage von erfahrenen Terrarianern beraten zu lassen.

Zur Zeitigung eignen sich klarsichtige, dicht schließende Plastikdosen, die jederzeit eine Kontrolle ohne Öffnen des Behälters ermöglichen. Wird Vermiculit als Substrat verwendet, testet man dessen Feuchtigkeit etwa alle drei Wochen. Das Öffnen des Behälters hierfür sorgt gleichzeitig auch für einen ausreichenden Gasaustausch. Stellt man fest, dass das Substrat keine ausreichende Feuchtigkeit mehr aufweist, so muss es nachgefeuchtet werden. Dafür nimmt man vortemperiertes Wasser, das vorsichtig am Dosenrand in den Zeitigungsbehälter gegeben wird, ohne dass es mit den Eiern in Berührung kommt.

Den Zeitigungsbehälter stellt man nun in einen Inkubator, dessen Bauart nicht von entscheidender Bedeutung ist, da die Eier sogar starke Wärme von oben, wie sie die Jäger-Brutglucken u. a. aufweisen, vertragen. Sehr zu empfehlen ist der Motorbrüter nach BROER & HORN (1985).

Insgesamt kann man sagen, dass die Eier von *Chamaeleo calyptratus* recht leicht zu zeitigen sind, da sie offenbar einen großen Temperaturbereich und auch Temperaturschwankungen während der Inkubation tolerieren. Entsprechend unterschiedlich sind

Bei der Entnahme des Geleges werden die Eier markiert und in das Brutsubstrat gebettet. Foto: U. Dost

auch die Möglichkeiten und Erfahrungen. Als ideal haben sich konstante Zeitigungstemperaturen von 25 bis maximal 30 °C erwiesen. Höhere Temperaturen erbrachten bei der künstlichen Inkubation eher ungünstige Resultate, jedoch können auch mit solchen Werten Erfolge erzielt werden. Frau HAIKAL (mündl. Mittlg.) berichtete, dass sie im Jemen ein Gelege bei geringen Tag-Nacht-Schwankungen und einer Tagestemperatur von immer weit über 30 °C am kühlsten Platz im Haus (auf der Klimaanlage) erfolgreich gezeitigt hat. HELLENDRUNG (2007) gibt an, dass er gute Erfolge mit Zeitigungstemperaturen von 24–28 °C und einer Nachtabsenkung um 1–5 °C erzielt hat. KOBER et al. (2006) berichten, dass man kräftigere Schlüpflinge erhält, wenn die Temperaturen nachts um einige Grad oder bis auf Zimmertemperatur abfallen. Weiterhin haben diese Autoren auch sehr gute Erfahrungen mit einer konstanten Inkubationstemperatur von 28 °C gemacht.

Hin und wieder können die Eier auch Pilzbefall aufweisen, den man aber mit einer antimykotischen Salbe oder einem Puder leicht in den Griff bekommen kann. Ein erfahrener Tierarzt kann hier leicht weiterhelfen.

Nach 120–280 Tagen, abhängig u. a. von der Temperatur und der Substratfeuchte, ist es dann soweit: Der Schlupf kündigt sich meist durch „Schwitzen" der Eier an. Dann bilden sich auf der Eioberfläche mitunter zahlreiche kleine Wassertropfen, während sich das Volumen des Eies verringert. Mit Hilfe des Eizahns schlitzen die Jungtiere nun die Hülle auf, meist sternförmig von einem Pol aus, aber gelegentlich auch durch einen halben Längsschnitt. Als Erstes schieben sie ihre Schnauze ins Freie und verharren so noch einige Zeit, ehe sie spätestens am nächsten Tag das Ei vollständig verlassen. Während dieser Zeit resorbieren sie noch den Dotter und stellen den Körper auf die Lungenatmung um.

Der Mühe Lohn: Schlupf eines Jemenchamäleons Foto: R. Müller

Ein frisch geschlüpftes Jemenchamäleon Foto: W. Schmidt

Die frisch geschlüpften Jungtiere sind 55–75 mm lang. Kaum aus dem Ei, bewegen sie sich äußerst flink und schreckhaft, sodass sich die Entnahme aus dem Zeitigungsbehälter bisweilen gar nicht so einfach gestaltet.

Interessant ist, dass es beim Jemenchamäleon häufig zu einem „Massenschlüpfen" kommt; alle Jungtiere verlassen dann nahezu gleichzeitig das Ei. Was den Massenschlupf letztendlich tatsächlich auslöst, muss noch als ungeklärt gelten. Eine interessante Beobachtung hierzu machte Petr Neças, erwähnt in De Vosjoli & Ferguson (1995). Er teilte ein Gelege in zwei Hälften und zeitigte beide Teile unter identischen Bedingungen, was Substrat, Substratfeuchte und Temperaturen anging. Die erste Hälfte der Eier wurde sorgfältig einzeln in Vermiculit gebettet und die andere Hälfte, wie ein Gelege in der Natur, durcheinandergewürfelt und dicht beieinanderliegend inkubiert. Auffallend war, dass die Nachzuchten aus den einzeln gebetteten Eiern innerhalb eines Zeitraums von 27 Tagen schlüpften, während es bei der anderen Hälfte zu einem sogenannten Massenschlupf kam. Er folgerte hieraus, dass mittels Botenstoffe der Massenschlupf ausgelöst wurde. Jedoch kam es bei mir auch bei einzeln gebetteten Eiern zu einem Massenschlupf. Es muss daher offen bleiben, ob ein Massenschlupf beispielsweise auch durch Berührungsreize ausgelöst werden kann. Der biologische Vorteil eines Massenschlupfs ist hingegen offensichtlich: So muss sich nicht jedes Jungtier mit großem Kraftaufwand einzeln an die Oberfläche graben, denn durch die gemeinsamen Anstrengungen wird der Versuch, das Nest zu verlassen, erheblich erleichtert. An der Oberfläche angekommen, ist die Überlebenschance wiederum größer, da sich mögliche Fressfeinde nicht auf alle Jungtiere gleichzeitig stürzen können.

Ein seltenes, aber leider hin und wieder auftretendes Problem für die Schlüpflinge ist es, die richtigen Schnittstellen an der Schale zu finden. So kann es passieren, dass

Frisch geschlüpfte Jemenchamäleons
Foto: R. Müller

das Baby zwar das Ei sternförmig an einem Pol aufschneidet, die einzelnen Schnitte jedoch so ungünstig liegen, dass die entstandene Öffnung zu klein zum Verlassen des Eis ist. Entgegen der vorher im Abschnitt „Voraussetzung für die Nachzucht" gegebenen Empfehlung, Kümmerlinge, die nicht von selbst schlüpfen, im Ei zu belassen, sollte man hier etwas nachhelfen und die Öffnung vorsichtig mit einer vorne eher stumpfen Nagelschere o. Ä. erweitern.

Nur kurz ansprechen will ich hier das Phänomen der temperaturabhängigen Geschlechtsausprägung (TAGA). Es ist noch nicht abschließend erforscht, inwieweit und ob überhaupt sich bei Chamäleons die Höhe der Inkubationstemperatur auf die Geschlechtsausprägung auswirken kann. Von zahlreichen anderen Reptilien ist seit einiger Zeit bekannt, dass bei – je nach Art unterschiedlichen – bestimmten Temperaturwerten bzw. -bereichen der Anteil eines Geschlechts bei den Jungtieren überwiegt oder sogar völlig dominiert. Um dieses Phänomen bei Chamäleons einmal systematisch zu untersuchen, zeitigte ANDREWS (2005) fünf Gelege von Chamaeleo calyptratus mit mehr als 200 Eiern unter standardisierten Bedingungen bei 24,8, 28,0 und 29,9 °C. Insgesamt schlüpften 182 Jungtiere, von denen 98 Weibchen und 84 Männchen waren. Das Verhältnis der Geschlechter war bei allen drei Temperaturen etwa gleich. Zu einem ähnlichen Ergebnis kam ANDREWS beim weiteren Versuch mit Eiern von Furcifer pardalis. Da diese Zahlen nicht von den zu erwartenden statistischen Zahlen bei gleichmäßiger Verteilung der Geschlechter abwichen, schloss er daraus, dass das Geschlecht bei Chamäleons nicht durch die Inkubationstemperatur beeinflusst wird, sondern genetisch festgelegt ist. Jedoch werden immer wieder stark abweichende Geschlechtsverteilungen beobachtet. So zeitigte THEIS (2007) insgesamt 31 Eier eines Geleges auf unterschiedliche Weise und bei Zeitigungstemperaturen, die zeitweise bei über 35 °C lagen. Trotz dieser widrigen Bedingungen schlüpften elf Jungtiere, die allesamt Weibchen waren.

Besonders erwähnenswert ist noch ein weiteres Ergebnis des Zeitigungsversuchs von THEIS (2007), bei dem er der Frage nachging, ob Unterschiede in der Schlupfrate festzustellen sind, wenn Eier von Chamaeleo calyptratus in Vermiculit unterschiedlicher Größe gezeitigt werden. Für den Versuch wurden 31 Eier zu etwa je einem Drittel in feinem, grobem oder gemischtem Vermiculit gebettet. Die insgesamt elf Schlüpflinge verteilten sich wie folgt auf die Substrate: Von zwölf in grobem Vermiculit gezeitigten Eiern schlüpfte keins, von sieben in gemischtem Vermiculit gezeitigten Eiern schlüpften dagegen vier und von zwölf in feinem Vermiculit gezeitigten Eiern schlüpften sieben Jungtiere.

Beginnender Massenschlupf
Foto: W. Schmidt

Die Aufzucht der Jungen und damit eventuell verbundene Probleme

Sind die heiß ersehnten Nachzuchten endlich geschlüpft, so fangen die wirklichen Probleme erst an. Die Jungtiere messen beim Schlupf in der Regel 55–75 mm und können innerhalb eines Jahres auf eine Gesamtlänge von 35–40 cm heranwachsen.

Hat man sich vorher noch mit dem Gedanken getröstet, dass ja sowieso nicht aus allen Eiern Jungtiere schlüpfen werden, so können jetzt plötzlich 30–40 hungrige Chamäleons zu füttern und vor allem auch unterzubringen sein. Viele Terrarianer behelfen sich damit, die jungen Chamäleons einige Wochen gemeinsam aufzuziehen. Dafür eignen sich größere Terrarien oder Gazebehälter, die relativ dicht bepflanzt sein müssen, damit die Jungtiere auch einige geschützte Verstecke aufsuchen können. Der Vorteil dieser Methode liegt in der enormen Arbeitserleichterung: so muss nur ein Behälter frühmorgens kurz überbraust werden, und das Futter für den gesamten Schlupf wird auf einmal in das Terrarium gegeben. Die Schwierigkeit liegt darin, dass man rechtzeitig erkennen muss, wann die Tiere – vor allem die Männchen – für eine möglichst optimale Aufzucht einzeln gepflegt werden müssen. Da sich die

Probleme (sehr schüchternes Verhalten, Geringwüchsigkeit und mangelnde Paarungsbereitschaft) erst später zeigen, neigen viele Züchter aus Bequemlichkeit dazu, die Tiere möglichst lange gemeinsam aufzuziehen. Das Nachsehen haben später die Liebhaber, die das vermeintlich gute Stück dann erwerben, aber auch die Züchter selbst, da das Jemenchamäleon seinen guten Ruf als attraktive Art durch solche Tiere, die kein normales Verhalten und keine schöne Färbung aufweisen, schnell verlieren kann (ebenso wie der Züchter seinen eigenen guten Ruf).

Rolf MÜLLER (mündl. Mittlg.) zog versuchsweise einmal ein ganzes Gelege gemeinsam in einem entsprechend großen, mit ausreichend Deckungsmöglichkeiten ausgestatteten Behälter auf. Dabei stellte er fest, dass sich etwa ein Drittel der Jungtiere schneller und besser als bei einer vergleichsweise durchgeführten Einzelaufzucht entwickelte, ein Drittel etwa vergleichbar einer Einzelaufzucht und das letzte Drittel

Erster Erkundungsgang
Foto: W. Schmidt

51

Nur während der ersten Wochen ist eine Gemeinschaftshaltung der Jungtiere möglich.
Foto: W. Schmidt

sich deutlich schlechter entwickelte oder sogar verkümmerte.

KOBER et al. (2006) geben an, dass für etwa zehn Jungtiere ein 50 x 50 x 70 cm messendes Becken für die ersten vier bis sechs Wochen nicht nur ausreiche, sondern auch ein empfehlenswertes Maß darstelle. Alle Tiere, die sich viel auf dem Boden aufhalten oder dauernd Stressfärbung zeigen, müssen separiert werden. Gleiches gilt für Individuen, die auffallend aggressiv gegenüber ihren Geschwistern sind. Spätestens mit fünf bis sechs, manchmal schon mit drei Monaten beginnen die Männchen, aggressiv aufeinander zu reagieren, und pro Gruppe darf dann nur noch ein Männchen gehalten werden. Mit spätestens vier Monaten sind die Männchen aber dann auch von den Weibchen zu trennen, da sonst bereits Paarungen

stattfinden, die zu verfrühten Trächtigkeiten frühreifer Weibchen führen.

THEIS (2007) berichtet: „Eine Gruppenaufzucht ist aber nur möglich, wenn die Schlüpflinge vom Schlupf an zusammen sind. Wenn man ein Chamäleon für ein paar Tage der Gruppe entnimmt, kann man es nicht mehr zu den anderen setzen. Es wird dann von den anderen bedroht. Bei Gruppenaufzucht sollte das Terrarium nicht zu dicht bewachsen sein, sodass sich die Jungtiere teilweise auch vollständig sehen können. Sollte es zu dicht bewachsen und die Artgenossen nicht vollständig sichtbar sein, werden die Augen der Mitbewohner anscheinend für Insekten gehalten. Auf diese wird dann geschossen und zugebissen."

Ähnliche Erfahrungen machte auch A. BÖHLE (mündl. Mittlg.), bei dem die Jungtiere gezielt auf die Augen der anderen Chamäleons schossen. Leider fehlen bis heute Aussagen und gezielte Untersuchungen, ob es später Unterschiede im Verhalten der einzeln bzw. gemeinsam aufgezogenen Jungtiere gibt und ob nur die unterdrückten Tiere Langzeitschäden davontragen.

Die Aufzucht sollte daher am besten einzeln in kleinen Terrarien erfolgen, deren Einrichtung den Behältern der erwachsenen Tiere nachempfunden wurde. Für die erste Zeit eignen sich beispielsweise speziell umgebaute klarsichtige Kaffee- oder Lebensmittelvorratsdosen aus Hartplastik, wie sie in größeren Warenhäusern zu erwerben sind. Diese sollten eine Mindestgröße von 10 x 10 x 18 cm (L x T x H) aufweisen und dann den Bedürfnissen der Tiere entsprechend umgebaut werden: Der gesamte Deckel wird mit einem heißen Lötkolben ausgeschnitten und anschließend mit einer nicht zu feinmaschigen Gaze (die aber doch feiner als Fliegendraht sein muss) verschlossen. Zusätzlich wird ein etwa 5 x 5 cm großes zweites Lüftungsgitter in eine Seite eingeschweißt. Die Einrichtung dieser Aufzuchtbehälter sollte eher spartanisch gehalten werden. Eine Seitenwand wird mit dünnem Kork beklebt oder dünn mit eingekerbtem „Moltofill für außen" bestrichen, der Boden mit einer dünnen Sandschicht bedeckt und die Einrichtung mit einer kleinen eingetopften Rankpflanze (z. B. *Ficus pumila*) und einigen sehr dünnen Kletterästen vervollständigt. Natürlich eignet sich ein derartiger Behälter nur für die ersten Wochen, denn das Aufzuchtterrarium muss mit der Größe der Tiere wachsen. Es sollte jedoch auch nicht zu groß bemessen sein, da es sonst passieren kann, dass die Jungtiere nicht genügend Futter finden. Die Dosen lassen sich übrigens sehr platzsparend in einem Regal aneinanderreihen, wobei die beklebte Seite immer der nächsten Dose zugewandt sein muss, damit ein Sichtkontakt von Chamäleon zu Chamäleon verhindert

Eine solche Anlage bietet vielen Tieren verschiedener Entwicklungsstadien Platz. Foto: W. Schmidt

wird. Beleuchtet werden diese „Aufzuchtbatterien" dann am einfachsten mit aufgelegten Leuchtstoffröhren und wenige Zentimeter über dem Behälter angebrachten 10-Watt-Halogenstrahlern (bei 20-Watt-Halogenstrahlern muss der Abstand bereits etwa 10 cm betragen) oder ähnlich milden Wärmequellen. Die Beleuchtungsdauer sollte etwa 14 Stunden am Tag betragen. Vor dem Besatz der Aufzuchtterrarien (aber immer erst nach einigen Stunden bei voller Beleuchtung) müssen die erzielten Temperaturen im Terrarium an verschiedenen Punkten

Möglichst bald sollen die Chamäleon-Babys einzeln in Aufzuchtbehältern untergebracht werden. Foto: W. Schmidt

53

kontrolliert werden. Diese sollten im direkten Strahlungsbereich bei ca. 30 °C und im übrigen Behälter bei 23–25 °C liegen, um den kleinen Tieren einen optimalen Temperaturbereich anbieten zu können. Nachts sollten die Temperaturen immer auf Zimmerniveau sinken. Um das erforderliche Temperaturgefälle zu erreichen, bedarf es einer gewissen Erfahrung, und die Jungtiere müssen ständig auf ihr Verhalten hin beobachtet werden. Es gilt leider der Grundsatz, dass sich in größeren Behältern die optimalen Bedingungen für die Aufzucht einfacher und besser schaffen lassen.

Eine häufig nicht erkannte Todesursache bei den Babys sind Milben. Sie sind in fast allen Terrarien zu finden und auch nur schwer völlig auszurotten. Gefährlich werden die Milben aber nicht erst, wenn sie zu Tausenden im Terrarium und auf den Tieren umherkriechen. Es reichen vielmehr einige wenige, die es schaffen, in die Körperöffnungen (Nasenöffnungen) der Jungtiere einzudringen. Da die Kraft der kleinen Jungtiere noch nicht ausreicht, die Milben durch Niesen wieder auszuscheiden, können sich die Milben später in den feinen Lungenästchen verfangen, wo sie absterben und zum Erstickungstod der Babys führen. Häufig sind krampfartige Versuche, tief durchzuatmen, erste Anzeichen hierfür. Dies verhindert man am einfachsten, indem man alle Futterzuchten – üblicherweise Hauptlebensraum der Milben – möglichst weit entfernt von den Aufzuchterrarien, wenn möglich in einem separaten Zimmer, aufbewahrt. Ab einer

Futtertierzuchten, wie z. B. für Heuschrecken, sind anfällig für Milbenbefall und sollten daher möglichst abseits der Aufzuchtterrarien betrieben werden.
Foto: W. Schmidt

gewissen Größe der jungen Chamäleons stellen die Milben keine so große Gefahr mehr dar. Untersuchungen von Herrn von M. v. NIEKISCH (mündl. Mittlg.) zeigten, dass dies eine wesentlich häufigere Todesursache bei kleinen Chamäleons darstellt, als gemeinhin angenommen wird.

Versorgt werden die Jungtiere am besten in den späten Morgenstunden. Dabei wird der kleine Behälter kurz überbraust, und gleichzeitig gibt man gut mit z. B. „Korvimin ZVT + Reptil", „Herpetal Complete/Mineral" oder einem anderen hochwertigen Präparat eingestäubte Futtertiere hinein. Als Erstfutter eignen sich kleine und große flugunfähige *Drosophila*, frisch geschlüpfte Heimchen und Grillen, später dann noch Mehlmotten, Stubenfliegen, frisch geschlüpfte Wanderheuschrecken, kleinste Schaben, Asseln usw. Grundsätzlich bekommen die Nachzuchten immer so viele Futtertiere, wie sie fressen wollen. Jedoch sollte man nach einer gewissen Zeit bereits anfangen, einen Fastentag in der Woche einzulegen und später nur noch alle zwei bis drei Tage zu füttern. Das richtige Maß zu finden, erfordert Erfahrung und eine gute Beobachtungsgabe.

Die Jungtiere brauchen eine Möglichkeit, auf einem Ast ein "Sonnenbad" im Strahlungsbereich einer Lampe nehmen zu können, um sich so auf ihre bevorzugte Temperatur aufzuwärmen. Fotos: W. Schmidt

Auch die anderen Bedingungen können ähnlich wie jene für die ausgewachsenen Tiere gestaltet sein, nur sollten die Tageshöchsttemperaturen, wie bereits angegeben, immer etwas niedriger liegen, da die Jungtiere ihren Mechanismus zur Temperaturregulierung noch nicht völlig beherrschen und die kleinen Behälter eher zur Überhitzung neigen.

Beim Überbrausen der Aufzuchtbehälter ist nach meinen Erfahrungen unbedingt zu vermeiden, die Chamäleons direkt zu besprühen. So kann es bei frisch geschlüpften Jungtieren vorkommen, dass sich das Sprühwasser auf der gesamten Körperoberfläche ansammelt. Die kleinen Chamäleons versuchen dann, dieses Wasser abzuschütteln. Dazu beugen sie sich nach vorne und führen einige Schaukelbewegungen aus. Da die Tiere jedoch noch recht klein sind, fallen die Schaukelbewegungen vergleichsweise schwach aus und unterstützen nun den Lauf des Wassers zum Kopf hin. Dort sammelt sich das Wasser und bildet manchmal einen so großen Tropfen, der die Nasenlöcher und die Schnauze umspannt, sodass die kleinen Chamäleons keine Luft mehr holen können. Es müssen auch immer trockene Äste vorhanden sein, sodass die kleinen Tiere nicht permanent durch die Feuchtigkeit laufen müssen. Die Nässe sollte nach ca. zwei Stunden wieder vollständig verdunstet sein. Wer diese Problematik umgehen will, kann seine Nachzuchten auch nur mit Hilfe einer Pipette oder Tropftränke mit Wasser versorgen.

Schaben und Heuschrecken sind ein geeignetes Futter für bereits herangewachsene Jemenchamäleons. Foto: W. Schmidt

Auf keinen Fall sollten Jungtiere mit Adulten vergesellschaftet werden, wie dieses Beispiel auf dramatische Weise veranschaulicht. Fotos: R. Müller

Das Terrarium

Wenn der Entschluss gefasst ist, ein Terrarium zur Pflege von Jemenchamäleons anzuschaffen, so muss man sich als Erstes Gedanken über den Aufstellplatz machen. Dieses immer wieder auftauchende Problem sollte nicht vernachlässigt werden, da es ganz entscheidenden Einfluss auf das Terrarienklima hat. Nur in den seltensten Fällen wird man seine Terrarien in einem exakt ausgerichteten Klimaraum aufstellen können.

Der wichtigste Faktor ist die Temperatur. Können die Sonnenstrahlen ein Terrarium mit ihrer ganzen Kraft erreichen, steigen die Temperaturen sehr schnell in einen für Chamäleons nicht mehr erträglichen Bereich. Bei sehr kleinen Behältern, z. B. Aufzuchtterrarien, reichen mitunter wenige Minuten oder selbst eine nur schwache Sonneneinstrahlung, um die Temperatur über die maximal tolerierbaren Werte steigen zu lassen. Der häufig in der Literatur zu findende Hinweis, den Terrarienstandort so zu wählen, dass eine gewisse direkte Sonneneinstrahlung möglich ist, bezieht sich wohl ausschließlich auf Gazeterrarien, in denen es niemals zum Hitzestau kommen kann. Ferner muss man bedenken, dass die Sonnenstrahlen zur Winterzeit mit einem wesentlich schrägeren Winkel einfallen und somit Behälter erreichen können, die sich im Sommer außerhalb der Einstrahlung befinden.

Je größer ein Terrarium ist und je besser es belüftet wird, desto weniger ist die Gefahr der Überhitzung gegeben.

Wichtig ist natürlich auch, dass die Temperaturen nicht zu stark absinken, was beim Jemenchamäleon aber eigentlich nur in einem ungeheizten Gewächshaus oder Wintergarten passieren kann. Hier muss man Vorsorge tragen, indem man eine von einem elektronischen Temperaturfühler gesteuerte Heizung installiert, welche ein zu starkes Absinken der Temperaturen verhindert. In jedem Fall sollten die Temperaturen vor dem Besetzen des Beckens mit Tieren über einen längeren Zeitraum – auch im Winter – gemessen werden.

Geeignet sind die unterschiedlichsten Terrarientypen, vom Gazebehälter bis zum silikongeklebten Glasterrarium. Ihr Bau wurde schon sehr oft in der Literatur beschrieben, sodass ich an dieser Stelle darauf verzichten möchte. Zwei Literaturhinweise seien gestattet: In den Büchern „Terrarien – Bau und Einrichtung" von HENKEL & SCHMIDT (2008) sowie „Terrarieneinrichtung. Grundlagen – Materialien – Methoden." von WILMS (2006) werden alle in diesem Zusammenhang auftretenden Fragen beantwortet.

Entsprechend der Größe des Jemenchamäleons muss auch das Terrarium hinreichend dimensioniert sein. Bei Einzelpflege gilt als Mindestgröße – festgelegt im „Gutachten über Mindestanforderungen an die Haltung von Reptilien" (BUNDESMINISTERIUM FÜR ERNÄHRUNG, LANDWIRTSCHAFT UND FORSTEN 1997) –, dass das Terrarium 4 x 2,5 x 4 (Länge x Tiefe x Höhe) multipliziert mit der Kopf-Rumpf-Länge der

Wichtig für die Pflege des Jemenchamäleons ist ein Terrarium mit einer guten Belüftung.
Zeichnung: M. Hoffmann

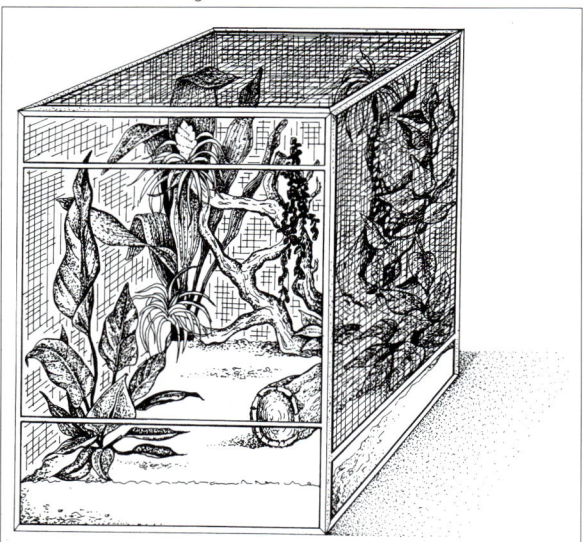

Zuchtanlage für Jemenchamäleons bei einem amerikanischen Großzüchter Foto: W. Schmidt

Terrarium mit Eiablagebehälter Foto: W. Schmidt

Tiere groß sein sollte. Nehmen wir einmal an, dass Sie ein großes Jemenchamäleon mit einer Kopf-Rumpf-Länge von 20 cm pflegen, so muss der Behälter eine Mindestgröße von 80 x 50 x 80 cm (L x T x H) aufweisen. Diese Werte sollten nicht unterschritten werden. Dabei sind die einzelnen Werte aber nicht starr auszulegen, sondern der jeweils vorhandenen räumlichen Situation anzupassen. Im Fall einer paar- oder gruppenweisen Haltung (also ein Männchen mit einem, zwei bis maximal drei Weibchen) müssen die Behälter ein Vielfaches der Mindestgröße für die einzelnen Tiere aufweisen, damit genügend Rückzugsgebiete vorhanden sind. Wie schon gesagt, sind die Männchen untereinander immer absolut unverträglich, sodass sie folglich nicht einmal kurzfristig gemeinsam gepflegt werden dürfen. Nicht so stark ausgeprägt ist die innerartliche Aggressivität bei den Weib-

**Jemenchamäleons
klettern gerne.**
Foto: W. Schmidt

chen, doch halten auch sie einen gewissen Mindestabstand zueinander. Die Möglichkeit hierzu muss ihnen immer gegeben sein.

Der Behälter sollte – wie bei allen Baumbewohnern – möglichst hoch sein, was jedoch häufig zu Problemen mit der benötigten Lichtstärke führt. Daher sollte ein Terrarium, das auf künstliche Beleuchtung angewiesen ist, nicht höher als 150 cm sein.

Für eine ausreichende Lüftung muss immer gesorgt sein. Am einfachsten erreicht man dies durch ein kleineres Lüftungsgitter unterhalb der Frontscheibe oder in einer Seite und einer großen Lüftungsfläche im Deckel. Als Faustregel gilt, dass die Lüftung ideal ist, wenn das Terrarium zwei Stunden nach dem vollständigen Überbrausen vollständig getrocknet ist.

Der Vollständigkeit halber soll noch eine relativ neue Möglichkeit zum preiswerten Selbstbau von Terrarien erwähnt werden, da sie für eine Unterbringung von Jemenchamäleons durchaus geeignet ist. Es handelt sich dabei um die sogenannten Styroporterrarien, die aus mit Silikon (auf Essigbasis) oder Styroporkleber zusammengeleimten Styroporplatten oder ähnlichem Material bestehen. Die Vorteile eines bereits aus Dämmstoffen konstruierten Terrariums liegen in seinem geringen Eigengewicht, der preiswerten und mit etwas Übung von jedermann leicht zu realisierenden Bauweise sowie der guten Isolierung. Allerdings dürfen auch die Nachteile nicht verschwiegen werden. So sind diese Becken beispielsweise relativ empfindlich gegen Stöße und Druck, sie heizen sich sehr schnell auf (was aber unter Umständen auch ein Vorteil sein kann), und der niedrige Schmelzpunkt des Materials (ca. 60–80 °C, je nach Qualität) muss etwa beim Einbau von Lampen oder einer Heizung genau beachtet werden. Bauanleitungen wurden bereits zahlreich veröffentlicht, sodass an dieser Stelle darauf verzichtet werden soll. Jedoch müssen auch diese Terrarien alle chamäleonspezifischen Anforderungen wie z. B. ausreichend große Lüftungsflächen usw. erfüllen.

Die Einrichtung

Das Einrichten eines Terrariums beginnt mit dem Verkleiden der Seitenscheiben und der Rückwand. Dies ist besonders bei der Chamäleonhaltung sehr wichtig, da auf diese Weise der Sichtkontakt zum Nachbarbehälter unterbunden wird, denn der dauernde Anblick eines Artgenossen stellt für diese Einzelgänger einen permanenten Stressfaktor dar. Als für diesen Zweck ideal haben sich dünne Korkplatten herausgestellt, da diese auch gegen Feuchtigkeit relativ resistent sind und den Tieren zusätzliche Klettergelegenheiten bieten. Korkplatten gibt es in den unterschiedlichsten Stärken und Qualitäten sowie in zwei Farben. Am gebräuchlichsten ist der überall im Tapetenhandel oder in Baumärkten erhältliche helle Kork, der zum Tapezieren von Wänden benutzt wird. Die in der Regel 30 x 60 cm großen, 2 mm starken Platten werden auf das gewünschte Maß zurechtgeschnitten und mit Silikon eingeklebt.

Wesentlich vielseitiger zu verwenden ist der dunkle, in Stärken von 10–60 mm angebotene Dachdeckerkork, der in allen größeren Dachdeckerbedarf-Handlungen erhältlich ist. Von ihm gibt es zwei verschiedene Qualitäten: zum einen den einfach heißgepressten, zum anderen den geklebten. Für Terrarien ist nur die erste Sorte geeignet, da der geklebte Kork laufend Lösungsmittel freisetzt.

Anders als beim dünnen Kork kann man bei diesem Material die Oberfläche mit einer Fräse oder Ähnlichem derart bearbeiten, dass für die Chamäleons noch verbesserte Klettermöglichkeiten entstehen. Solche Platten ermöglichen zudem eine Bepflanzung und weisen ein fast natürliches Aussehen auf. Da der Kork stark staubt, ist es besser, die Oberfläche bereits vor dem Einbau in das Terrarium im Freien zu gestalten.

Am schönsten, aber auch am teuersten ist der Einbau von plangepresster, naturbelassener Korkeichenrinde. Sie ist in Platten bis

Wichtig ist, dass ein Sichtschutz – in diesem Fall aus Kork – zu anderen Terrarien besteht. Foto: U. Dost

zu einer Größe von 100 x 50 cm im Zoofachhandel erhältlich.

Als weiteres Material eignet sich Moltofill
(für Außenanwendung). Dieser Fertigbeton
ist in Baumärkten erhältlich und lässt sich
leicht verarbeiten. Dafür legt man das Terrarium, wenn dies möglich ist, auf die be-
treffende Seite und bestreicht die ganze
Wand inklusive eventuell angeklebter Klet-
terstreifen dünn mit dem Moltofill. Ist das
Becken bereits fest aufgestellt und nicht
mehr zu bewegen, so rührt man die Spach-
telmasse etwas dicker an und trägt sie dann
vorsichtig auf die Wand auf. Damit das Terrarium nun keinen hässlichen grauen Be-
tonfarbton aufweist, färbt man die Masse
z. B. mit Eisenoxid ein, das bei richtiger Do-
sierung den Ton eines natürlichen roten
Sandsteins erzeugt. Auch andere zementfes-
te Farben lassen sich nach Wunsch einset-
zen. Wem das immer noch zu trist ist, der
kann die Oberfläche auch mit Sand oder anderen Materialien bestreuen, um so eine
rauere Struktur zu erhalten.

Als Nächstes wird der Bodengrund in das
Terrarium eingebracht. Wie bei allen Trocken-
terrarien kann man natürlich auf eine Draina-
geschicht etc. verzichten. Als Bodengrund
verwendet man Sand oder Lehm. Alle Ge-
wächse werden in Pflanzschalen in den Behälter gestellt, damit man beim Gießen nicht
immer den gesamten Bodengrund durchfeuchtet. Optisch am schönsten wirkt natürlich roter Sand, den man in Deutschland z. B.
im Vorland der Eifel (unweit von Sinzig) findet oder im Zoofachhandel erwirbt.

Als Einrichtungsgegenstände kommen
mindestens fingerdicke Kletteräste und alte
verwachsene Wurzeln in das Terrarium. Die
Äste sollten sorgfältig ausgewählt werden;
sie dürfen weder morsch sein noch eine zu
glatte Oberfläche besitzen. Da Jemenchamäleons gerne an dickeren Stämmen klettern, kann man auch sehr dicke Äste oder
dünnere Baumstämme senkrecht in das Terrarium einbringen. Als Alternative bieten
sich große Korkröhren an, die im Handel
mit einem Durchmesser von teilweise über
20 cm angeboten werden.

Alle aus der Natur entnommenen Äste,
Stämme, Wurzeln etc. müssen vor dem Einbringen in das Terrarium gründlich gerei-

**Das Einbringen von
lebenden Pflanzen steigert
auch gleichzeitig die
Qualität des Raumklimas
innerhlab des Terrariums.**
Foto: W. Schmidt

Je stärker das Terrarium strukturiert ist, umso besser. Chamäleons sind in solchen Terrarien weit aktiver und bieten Ihnen immer wieder neue Beobachtungen. Foto: W. Schmidt

nigt und getrocknet werden, um ein Einschleppen von Schnecken, Asseln, Tausendfüßlern, Drahtwürmern usw. zu verhindern.

Da die Jemenchamäleons häufig auch aus einer Schale trinken, sollte diese niemals fehlen und stets mit frischem Nass gefüllt sein. Ideal ist es, wenn die Wasserschale etwas höher im Terrarium angebracht ist, z. B. in einer Astgabel oder auf einem höheren Felsvorsprung.

Für *Chamaeleo calyptratus* spielt die Terrarienbepflanzung als Lebensraum nur eine eher untergeordnete Rolle. Sie dient folglich mehr dem optischen Eindruck. Jedoch kann sie auch wichtige Funktionen wahrnehmen, z. B. wenn man mehrere Tiere in einem Behälter pflegt. So lässt sich der Terrarieninnenraum durch eine geschickt gewählte Bepflanzung in mehrere „Reviere" aufteilen, und gleichzeitig bietet die Vegetation auch eine Form der natürlichen Deckung und einen Sichtschutz gegen die Artgenossen. Größere, dichte Pflanzen können selbst im Terrarium ein besonderes Kleinklima schaffen, das dem Wohlbefinden der Pfleglinge häufig sehr zuträglich ist.

Terrarientechnik, Heizung und Beleuchtung

Technische Hilfsmittel sind aus der modernen Terraristik nicht mehr wegzudenken. Das Wichtigste ist neben Beleuchtung und Heizung die Zeitschaltuhr, mit der nahezu alle sich täglich wiederholenden Arbeiten automatisiert werden können. Mit ihr lassen sich die Beleuchtung und die Strahler sowie die Heizung ein- und ausschalten. Ohne sie wäre die Steuerung eines einzigen Terrariums bereits eine tagesfüllende Aufgabe und die einer Terrarienanlage wohl kaum noch zu bewältigen. Auch sollte man immer bedenken, dass man dank ihrer Hilfe getrost mal mehrere Tage wegfahren kann, ohne dass täglich jemand die Beleuchtung ein- und ausschalten muss. Letztendlich ist die Gleichmäßigkeit auch dem Wohlergehen der Jemenchamäleons sehr zuträglich.

Da es sich bei Chamäleons um wechselwarme Tiere handelt, die von ihrer Umgebungstemperatur und von der Strahlungswärme abhängig sind, kommt der Heizung eine besondere Bedeutung zu. So benötigen die Echsen zu ihrem Wohlbefinden immer einen spezifischen Temperaturbereich, damit die wichtigsten Körperfunktionen normal ablaufen können und das sehr abwechslungsreiche Verhalten gezeigt wird.

Dabei unterscheidet man zwei Temperaturbereiche: Die Aktivitätstemperatur, also der Bereich, in dem das Chamäleon grundsätzlich „aktiv" ist, liegt in der Regel zwischen 18 und 35 °C. Die Vorzugstemperatur dagegen liegt in der Regel höher und wird als die Körperwärme des Tieres angegeben, auf die es sich für eine gewisse Zeit aufwärmt (leider fehlen bis heute Angaben für das Jemenchamäleon). Daraus wird schon ersichtlich, dass man zum einen das Terrarium auf eine gewisse Grundtemperatur erwärmen und zum anderen den Tieren eine Möglichkeit bieten muss, sich lokal auf ihre Vorzugstemperatur aufzuheizen (möglichst in Form eines Strahlers, weil Strahlungs-wärme den natürlichen Gegebenheiten, also der Sonnenstrahlung, am ehesten entspricht). Steigt die Umgebungstemperatur längerfristig über die Vorzugstemperatur, so sterben die Echsen den Hitzetod.

Um den Chamäleons eine richtige Thermoregulation zu ermöglichen, sollte im Terrarium immer ein Temperaturgefälle zwischen einem höher als die Vorzugstemperatur liegenden und einem weit darunter befindlichen Niveau vorhanden sein. Es gibt keinen individuellen Spielraum, sondern nur physiologische Zwänge! Ferner benötigen die Tiere zum Wohlbefinden auch eine enorme Tag-Nacht-Schwankung und einen gewissen Jahresrhythmus, der sich mit Hilfe der Zeitschaltuhr leicht imitieren lässt.

Am natürlichsten ließe sich ein Terrarium – wie schon mehrfach erwähnt – durch Strahlungswärme beheizen, doch lässt sich dies in der Praxis nur schwer realisieren. Am einfachsten beheizt man es daher von unten mittels Heizmatte, Heizplatte oder anderer speziell für Terrarien entwickelter Heizgeräte, die nur eine milde, aber ausreichende Wärme abgeben. Der Fachhandel hält eine riesige Palette von geeigneten Produkten bereit. Wichtig ist, dass derartige Vorrichtungen immer nach unten isoliert werden, um einen Wärmeverlust zu verhindern.

Ein sehr großes Problem stellt das Beheizen von Großterrarien dar, da meist mehrere Kubikmeter Luft erwärmt werden müssen. Mittels Bodenheizung ist das nicht ohne weiteres zu erreichen, da der Boden in diesem Fall auf etwa 80 °C erwärmt werden müsste. Dieses Problem löst man am besten durch eine Fußbodenheizung, die zusätzlich noch in die Wand verlegt wird, sodass nun Boden und Wand angemessene Temperaturen aufweisen und gleichzeitig das Terrarium auf die gewünschte Lufttemperatur erwärmt wird. Für Großterrarien empfiehlt sich aus Energiespargründen immer nur der

Für das Wohlbefinden der Tiere ist eine angemessene Beleuchtung unumgänglich. Foto: W. Schmidt

Einsatz einer normalen Fußbodenheizung (Warmwasser-System), welche an die normale Wohnungs- oder Hausheizungsanlage angeschlossen wird, denn die Verwendung von Strom dürfte unbezahlbar sein.

Nicht vergessen darf man jedoch, dass es sich bei den Jemenchamäleons um rein tagaktive heliophile, also sonnenliebende Echsen handelt, sodass die Terrarien immer zumindest eine lokale Strahlungsquelle, unter der die Tiere sich „sonnen" können, aufweisen müssen.

Vor dem Besetzen eines Terrariums sollte man immer an verschiedenen Stellen mit Hilfe eines Maximum-Minimum-Thermometers die Temperaturen messen. Wenn dann die Werte nicht im gewünschten Bereich liegen, lassen sich noch leicht die not-

Männliches Jemenchamäleon im Garten Foto: W. Schmidt

wendigen Korrekturen durchführen. Neben der Wärme wird auch üblicherweise noch die relative Luftfeuchtigkeit samt ihren Schwankungen mit Hilfe eines Haarhygrometers gemessen und das Terrarium gegebenenfalls auf die erforderlichen Werte eingestellt. Weitere Ausführungen und Anregungen finden sich bei HENKEL & SCHMIDT (2008) sowie WILMS (2006).

Für eine möglichst natürliche Haltung des Jemenchamäleons sollte das Terrarium im Sommer eine Temperatur von ca. 26–28 °C am Tag und 16–20 °C nachts aufweisen. Zusätzlich muss den Tieren fast den ganzen Tag über die Möglichkeit geboten werden, sich unter einem Strahler bis auf ihre Vorzugstemperatur zu erwärmen. Im Winter

sollten die Temperaturen dann deutlich niedriger liegen. Sie werden langsam auf Tageswerte von 18–20 °C und Nachttemperaturen von 12–14 °C abgesenkt. Auch schaltet man die Strahler nur noch für etwa vier Stunden am Tag ein. Diese kühle Haltung sollte nur über einen Zeitraum von bis zu zwei Monaten durchgeführt werden, und anschließend lässt man die Werte langsam wieder ansteigen.

Neben der Temperatur spielt für die Chamäleons, wie schon angedeutet, die Beleuchtung eine wichtige Rolle. So orientieren sie sich hauptsächlich an den Lichtverhältnissen, um jahreszeitliche Ruhe- und Aktivitätsphasen sowie den Tag-Nacht-Rhythmus zu erkennen. Wichtig ist auch, dass der Jahrestemperaturzyklus in Übereinstimmung mit der Beleuchtungsdauer geschaltet wird, da für zahlreiche wichtige Funktionen, etwa die Fortpflanzung, bis heute nicht eindeutig geklärt ist, ob die Temperatur, die Photoperiode oder eine Kombination aus beiden als Auslöser verantwortlich ist.

Beim Jemenchamäleon handelt es sich um ausgesprochene Sonnenanbeter. Deutlich kann man dies beobachten, wenn man seine Tiere zu einem „Sommerurlaub" in ein Freilandterrarium oder eine Voliere auf dem Balkon entlässt. Erst hier zeigen sie ihr schönstes Farbkleid und ihre volle Aktivität. Es scheint sicher, dass der Stoffwechsel durch größere Lichtintensität positiv angeregt wird. Ein weiterer Grund mag in der natürlichen UV-Strahlung liegen.

Um den Tieren eine möglichst angemessene Lichtstärke zu bieten, aber auch aus Energiespargründen, sollten als Terrarienbeleuchtung nur hochwertige Strahler und Leuchtstoffröhren eingesetzt werden. Ferner müssen alle Beleuchtungskörper und Leuchtstoffröhren mit Reflektoren ausgestattet sein, da sich so die Lichtmenge nochmals um bis zu 40 % steigern lässt.

Chamaeleo calyptratus benötigt ein Licht, das unserem natürlichen Sonnenlicht sehr nahe kommt. Deshalb sollte man bei der Anschaffung von Leuchtstoffröhren nur solche mit einer Farbtemperatur von 6.500 Kelvin (entspricht den Lichtfarben „Tageslicht" oder „daylight") verwenden. Da in der letzten Zeit vermehrt neue Röhrenarten mit sehr sonnenlichtähnlichen Farbspektren und guter Lichtausbeute auf den Markt gekommen sind, sollte man sich vor jedem Kauf informieren, welche Möglichkeiten man hat. Jüngstes und derzeit bestes Produkt sind Leuchtstofflampen mit nur noch 16 mm Durchmesser (die sogenannten T5-Leuchtstoffröhren). Durch die hohe Frequenz von 25–40 kHz wird ein flackerfreies Licht produziert. Den Chamäleons erscheint

Für ein paar wertvolle Sonnenstunden bieten sich solche Außenterrarien an. Foto: W. Schmidt

dieses Licht wesentlich natürlicher als das der herkömmlichen T8-Röhren. Die weiteren Vorteile dieser neuen Lampen sind ihre hohe Lichtausbeute und ihr geringerer Durchmesser, der es erlaubt, kompakte Leuchten mit hohem Reflektorwirkungsgrad zu konstruieren. Die Energieeinsparung gegenüber herkömmlichen Leuchtstoffröhren kann bis zu 50 % betragen. Auch sind die neuen Röhren ein wenig in der Länge reduziert und passen daher jetzt besser über die Terrarien. Sie weisen eine sehr lange Lebensdauer von mehr als 10.000 Stunden auf, das sind bei 12 Stunden täglicher Beleuchtungsdauer mehr als zwei Jahre. Langzeiterfahrungen aus der Meeresaquaristik besagen jedoch, dass auch diese Röhren etwa alle 18 Monate erneuert werden müssen. T5-Röhren werden, bei gleicher Länge, in zwei verschiedenen Wattstärken angeboten: HE = High Efficiency (niedrige Wattstärke) und HO = High Output (höhere Wattstärke). Für das Jemenchamäleon empfehlen sich nur die HO-Röhren.

Für größere Terrarien eignen sich am besten Metalldampfentladungslampen, wie z. B. die Quecksilberdampf- (HQL) und Joddampfentladungslampen (HQI). Sie können nur mit Vorschaltgeräten betrieben werden, sind jedoch in der Regel im Zoofachhandel als komplette Strahler mit Reflektor erhältlich. Sie haben den Vorteil, dass sie nicht nur sehr viel Licht, sondern auch wie die Sonne eine ge-

wisse Strahlungswärme abgeben, welche die Jemenchamäleons gerne annehmen.

Es ist besonders wichtig bei der Pflege von *Chamaeleo calyptratus*, immer einen ausreichenden Mindestabstand zwischen dem möglichen Aufenthaltsort der Tiere und der Lampe sicherzustellen. Aus unerklärlichen Gründen neigen diese Chamäleons dazu, sich leicht an einer heißen Lampe zu verbrennen! Daher dürfen Strahler – gleich welcher Art – niemals im Terrarium installiert werden.

Bei der Montage der Beleuchtung ist immer auf einen ausreichenden Sicherheitsabstand zwischen den Sitzplätzen der Tiere und den Lampen zu achten, da Jemenchamäleons besonders dazu neigen, sich zu verbrennen. Foto: W. Schmidt

Die Beleuchtungsdauer sollte mit dem Jahresrhythmus schwanken und täglich etwa 14 Stunden im Sommer und elf Stunden im Winter betragen. Steht das Terrarium in einem vielbenutzten Zimmer, so gewöhnen sich die Tiere schnell an das Leben außerhalb des Beckens und lassen sich nicht davon stören, sodass man sie unbeeinträchtigt beobachten kann.

In diesem Zusammenhang muss noch kurz auf die Frage „Benötigen Chamäleons unbedingt UV-Licht?" eingegangen werden. Für das Jemenchamäleon lässt sich uneingeschränkt mit „nein" antworten. Zahlreiche Terrarianer züch-

ten ihre Tiere seit mehreren Generationen ohne Probleme, obwohl sie die Echsen nie einer UV-Bestrahlung aussetzen. Allerdings setzt dies immer eine ausreichende Versorgung mit Vitamin D_3 voraus.

Ganz unbestritten ist in diesem Zusammenhang jedoch die vitalitätsfördernde Eigenschaft des UV-Lichtes, die sich besonders bei der Aufzucht bemerkbar macht. Es empfiehlt sich deshalb, seinen Tieren eine gewisse UV-Beleuchtung zukommen zu lassen. Dafür eignen sich am besten die „Ultra Vita Lux"-Lampen von Osram, mit denen die Tiere aus mindestens einem Meter Entfernung täglich fünfzehn Minuten bestrahlt werden können.

Ein oftmals unterschätzter oder besser nicht beachteter Gesichtspunkt der UV-Strahlung ist ihre desinfizierende Wirkung. Chamäleons stammen aus Habitaten, in denen sie mit relativ wenig Mikroorganismen konfrontiert werden (die luftigen Regionen auf Bäumen und Büschen). Dagegen sind sie in unseren Terrarien einem regelrechten „Bombardement" von Mikroorganismen ausgesetzt. Viele Arten reagieren darauf sehr empfindlich, sodass auch aus diesem Grund eine UV-Bestrahlung von Vorteil ist.

Um die Jemenchamäleons optimal mit frischem Trinkwasser zu versorgen, muss die gesamte Terrarieneinrichtung einmal am Tag großzügig übersprüht werden. Dies geschieht am besten morgens, um den frischen Tau zu imitieren. Wer nur wenige Terrarien zu versogen hat, kann dies leicht mit Hilfe einer 5-Liter-Gartenspritze (in Gartencentern und Baumärkten erhältlich) von Hand bewältigen. Zeitaufwändiger stellt sich schon die Versorgung einer größeren Anlage dar, und auch die Urlaubszeit kann Probleme bereiten. Hier hilft oftmals nur eine automatische Sprüh- oder Bewässerungsanlage. Schon eine Tropftränke (als Fertigprodukt im auf Reptilien spezialisierten Zoofachhandel erhältlich) bietet den Tieren oftmals eine ausreichende Wasserquelle. Gerade die Jemenchamäleons lernen in der Regel recht schnell aus der Tropftränke zu trinken. Jedoch muss hier immer noch von Hand Frischwasser nachgefüllt werden.

In jüngster Zeit setzen sich immer häufiger vollautomatische – entweder mit einer Druckpumpe oder mit dem normalen Wasserleitungsdruck betriebene – Sprüh- und Tropfanlagen durch. Es gibt zahlreiche Modelle: vom einfachen Selbstbau über recht teure, speziell für Terrarien entwickelte Sprühanlagen aus dem Fachhandel, bis hin zu recht preiswerten, für den Garten- und Landschaftsbau entwickelten Systemen. Da für *Chamaeleo calyptratus* vor allem eine Tropfanlage von großem Vorteil ist, stelle ich hier nur kurz das Gardena „Micro-Drip-System" vor. Ausführliche Bauanleitungen zu allen Möglichkeiten finden Sie bei HENKEL & SCHMIDT (2008).

Keins der angebotenen Systeme ist perfekt, und auch für das erwähnte „Micro-Drip-System" weist der Hersteller ausdrücklich darauf hin, dass es nur im Freien oder in Gewächshäusern verwendet werden soll. Ich selbst arbeite aber schon seit über 15 Jahren relativ problemlos damit in meinem Terrarienkeller. Dieses Bewässerungssystem wird direkt an die Wasserleitung angeschlossen. Zur eigenen Sicherheit sollte man vor dem Herzstück der Anlage, dem Gardena-Bewässerungscomputer (nichts anderes als eine Zeitschaltuhr mit integriertem Magnetventil) einen Absperrhahn, der es einem ermöglicht, jederzeit die Wasserzufuhr zu unterbrechen, und einen Feinfilter anschließen. Hinter den Bewässerungscomputer installiert man einen speziell von der Firma Gardena vertriebenen Druckminderer, der den enormen Leitungsdruck erheblich abmindert. Erst dann installiert man das Schlauchsystem, welches das Wasser zu den Düsen in den Terrarien leitet. Der größte Vorteil dieses Systems liegt in der Vielfalt der Düsen, das Spektrum reicht von den bestens geeigneten Tropfdüsen mit unterschiedlichen Tropfzahlen pro Minute bis hin zu den echten Sprühdüsen, die in unterschiedlichsten Sprühwinkeln von 30–180° angeboten werden. Ein weiterer Vorteil liegt im einfachen Verlegen der Schläuche und Rohre dieses Systems, da alle Teile aufeinander abgestimmt sind und von jedermann nach den Anleitungen montiert werden können. So wird das Wasser in fest verlegbaren Plastikrohren bis zu den Düsen transportiert, die durch Kupplungen beliebig miteinander verbunden werden können. Die Düsen kann man nun einfach in das Rohr stecken, allerdings hält diese Verbindung nicht immer völlig dicht. Besser verlegt – und vor allem dichter – bekommt man die Leitungen, wenn man die Düsen in einen Verbinder schraubt und diesen an das Zuleitungsrohr anschließt. Es empfiehlt sich, beim Bau des Terrariums Bohrungen in den Deckel anbringen zu lassen, durch die später der Schlauch geleitet oder die Sprühdüse einfach hindurch gesteckt wird. Aufgrund des Wasserdrucks sollten die Düsen immer fest mit Silikon ins Terrarium eingeklebt werden.

Bei all diesen Bewässerungssystemen darf man nicht vergessen, dass jedes Terrarium mit einem Abfluss ausgestattet sein muss. Dafür lässt man (am besten schon beim Bau) in den Terrarienboden eine je nach Abflusssystem unterschiedlich große Bohrung anbringen, in die später der Abfluss eingeklebt wird. Am gebräuchlichsten und empfehlenswertesten sind die Abflusssysteme für Wohnwagenwaschbecken (im Caravanzubehörhandel erhältlich). Für diese Systeme ist beispielsweise eine 27 mm starke Bohrung im Boden erforderlich. In diese Bohrung steckt man nun einfach den einseitig verschraubbaren Abfluss, der von unten mit einer Überwurfmuffe fest an der Bodenplatte verschraubt wird. Obwohl der Abfluss mit einem Dichtungsring versehen ist, scheint er hin und wieder undicht zu sein, sodass es sich empfiehlt, den Abfluss mit Silikon fest einzukleben. Im Terrarium muss der Abfluss gut durch aufgeklebte Filterwatte o. Ä. gegen ein Eindringen von Bodengrund und Futtertieren gesichert werden. An den Abfluss schließt man ein dichtes Schlauchsystem an, welches das Wasser möglichst direkt in ein Abwasserrohr leitet.

Jemenchamäleons brauchen eine konstante, ausreichende Versorgung mit Trinkwasser.
Foto: W. Schmidt

Freie Haltung im Zimmer, Gewächshaus oder Wintergarten, sowie zeitweise Unterbringung im Garten

Wie kaum eine andere Chamäleonart eignet sich *Chamaeleo calyptratus* für eine freie Pflege auf einer großen, nicht gerade nach Norden ausgerichteten Fensterbank oder im Wintergarten bzw. Gewächshaus. Seine Robustheit und relative Unempfindlichkeit gegen hohe und niedrige Temperaturen prädestinieren ihn geradezu dafür.

Einige Punkte müssen dabei jedoch beachtet werden. So sollten dickere, am besten frei hängende Lauf- und Kletteräste angebracht sein, die ein Herabsteigen auf den Boden nicht gerade begünstigen. Am einfachsten dübelt man zahlreiche Haken in die Decke, an denen dann die einzelnen Äste aufgehängt werden. Sehr wichtig ist wieder ein Spotstrahler, unter dem sich die Jemenchamäleons bis auf ihre Vorzugstemperatur erwärmen können. Ebenso muss auch hier immer ein gewisser Mindestabstand zwischen dem möglichen Aufenthaltsort der Tiere und der Lampe eingehalten werden.

Ferner sollte man seine Tiere daran gewöhnen, aus der Pipette zu trinken und das Futter aus einer immer am gleichen Ort aufgehängten Futterdose zu schießen. Man kann natürlich auch die Chamäleons von Hand mit Hilfe einer Pinzette füttern. Das ist allerdings sehr zeitraubend. Wer nicht genügend Zeit hat, die Tiere regelmäßig mit der Pipette zu tränken, kann sich mit einer handelsüblichen Tropftränke oder einer gut erreichbaren Trinkschale behelfen – allerdings muss man in

der ersten Zeit genau beobachten, ob die Echsen wirklich daraus trinken oder ob sie den Wassernapf ablehnen. Alternativ kann auch ein Zimmerspringbrunnen Verwendung finden. Bewegtes Wasser wird von den Chamäleons nahezu immer erkannt und angenommen. Damit die Quellsteine nicht zu schnell verschmutzen, sollte man unbedingt darauf achten, dass kein Ast über den Springbrunnen reicht, von dem aus die Tiere ihr „Geschäft" verrichten könnten.

Auch sollte die Bepflanzung der Fensterbank recht robust gewählt sein, da die Jemenchamäleons kräftig zugreifen können, was auch gelegentlich ein Blättchen oder eine Blüte „kosten" kann.

Bei der freien Haltung ist es unerlässlich, sich anzugewöhnen, das Zimmer vorsichtig zu betreten und zunächst auf den Boden zu sehen. Viele Chamäleons scheuen sich nicht, auf dem Fußboden umherzulaufen. Allzu leicht tritt man auf ein Tier oder quetscht es mit der Tür, wenn diese sich nach innen öffnen lässt. Ein Spiegel am Boden neben der Tür erlaubt eine Kontrolle, wenn diese erst handbreit geöffnet ist.

Aus den oben genannten Gründen eignet sich *Chamaeleo calyptratus* auch in besonderem Maß für die Pflege im Gewächshaus oder im Wintergarten, denn alle Glashäuser heizen sich in der Sonne besonders stark auf und kühlen nachts wieder stark ab, was fast den Verhältnissen in weiten Teilen des natürlichen Verbreitungsgebietes entspricht. Allerdings muss man für die dort gepflegten Chamäleons besondere Mikroklimate schaffen, z. B. kühle Ecken, damit sich die Tiere im Hochsommer bei zu großer Hitze dorthin zurückziehen können. Ideal ist auch ein für die Echsen unerreichbarer, sich relativ langsam drehender Deckenventilator. Andererseits muss für die Nächte, besonders in den Übergangsjahreszeiten und natürlich auch im Winter, für eine Beheizung gesorgt werden. Unbeheizte Wintergärten bzw. Gewächshäuser scheiden für die ganzjährige Haltung aus. Wer ganz sicher gehen will, dass die Temperaturen nicht unter ein gewisses Minimum sinken, der baut so-

Weibchen im Freiland Foto: W. Schmidt

71

genannte Frostwächter ein. Dies sind kleine Elektroheizungen, die bei Unterschreiten einer eingestellten Temperatur (die für das Jemenchamäleon bei etwa 10 °C liegen sollte) anspringen und so ein weiteres Absinken verhindern.

Natürlich kann man auch bei dieser Unterbringungsart keine größere Gruppe miteinander vergesellschaften, sondern – je nach Größe, aber insbesondere auch nach geschickter Einrichtung – ein Männchen mit wenigen Weibchen gemeinsam pflegen. Der Vorteil dieser Haltungsweise liegt insbesondere darin, dass die Tiere frei entscheiden können, ob sie sich begegnen wollen, z. B. zur Paarung, oder nicht. Ein Nachteil ist aber, dass die trächtigen Weibchen auf der Suche nach einem geeigneten Eiablageplatz erst einmal sämtliche Blumentöpfe umgraben, und es zudem recht schwierig ist, die Eiablageplätze ausfindig zu machen. Diesen Problemen kann man mit einem separaten „Ablageterrarium" aus dem Weg gehen.

Wer die Möglichkeit hat, sollte seinen Chamäleons einen „Sommerurlaub" im Garten oder auf dem Balkon ermöglichen, da er eine willkommene Abwechslung gegenüber dem normalen „Terrarienalltag" darstellt. Häufig zeigen die Tiere aufgrund der größeren Lichtintensität erst hier ihre

Männchen beim Freilandaufenthalt
Foto: W. Schmidt

72

Wann immer möglich, sollte den Tieren ein Aufenthalt im Freien geboten werden. Foto: U. Dost

volle Farbenpracht. Auch lässt sich eine deutliche Aktivitätssteigerung feststellen.

Allerdings kann man seine Tiere meist nur an wenigen Tagen im Jahr im Garten pflegen, denn die zur artgerechten Haltung erforderlichen Temperaturen sind bei uns nur während einiger Sommertage im Jahr gegeben. Wer seine Tiere jedoch möglichst lange im Freilandterrarium pflegen will, sollte die Voliere mit für den Außenbereich geeigneten Strahlern ausstatten, die an kühlen und wolkigen Tagen für ausreichend Strahlungswärme sorgen. Wichtig ist die Beachtung bestimmter baulicher Besonderheiten. Natürlich muss ein Freilufterrarium ausbruchsicher sein. Es muss deshalb mit einer festen Bodenplatte ausgestattet sein, damit die Tiere nicht versehentlich durch eine Ritze ins Freie gelangen können. Auch sollten der Deckel und die Seitenwände aus Gaze bestehen, damit sich kein Hitzestau bilden kann und die Chamäleons ein ungefiltertes Sonnenbad nehmen können.

Der Aufstellplatz sollte recht windgeschützt oder besser zugluftgeschützt ausgewählt sein. Es empfiehlt sich weiterhin, die Hälfte der Dachabdeckung mit einer Plexiglasplatte geschlossen zu halten, so bleibt auch bei kräftigen Regenschauern ein Teil des Terrariums immer trocken. Die Einrichtung ist möglichst einfach zu gestalten, was die ggf. häufige Entnahme erleichtert. Besonders geeignet sind stabile Volieren.

Beim Aufstellen eines Freilandterrariums sollte immer ein halbschattiger Platz gewählt werden, der es den Tieren ermöglicht, sich bei Bedarf aus der Sonne zu entfernen. Natürlich müssen die Gehege auch gegen Hunde, Nager, Katzen und Vögel (Krähen, Elstern usw.) gesichert werden.

Einzelhaltung oder Vergesellschaftung?

Wie dieses Foto anschaulich wiedergibt, ist auch ein Vergesellschaften mit anderen Echsen nicht ratsam. Foto: W. Schmidt

Ist das Jemenchamäleon starkem Stress ausgesetzt, wird es versuchen, sich bestmöglich zu verstecken. Foto: P. Nečas

Diese Frage ist eigentlich ganz einfach zu beantworten: Da das Jemenchamäleon von Natur aus ein ausgeprägter Einzelgänger ist, lassen sich niemals zwei Männchen miteinander vergesellschaften. Wenn überhaupt, kann nur ein Männchen mit einem oder mehreren Weibchen zusammen gepflegt werden. Solange die Weibchen nicht trächtig sind, können sie als recht verträglich gelten. Trotzdem benötigen auch sie Aufenthaltsplätze, an denen sie sich dem Sichtkontakt mit den übrigen Mitbewohnern entziehen können. Auch sollte man es unbedingt vermeiden, die Chamäleons von der gegenüberliegenden Seite oder vom Terrarium nebenan permanentem Sichtkontakt mit Artgenossen, aber auch anderen Echten Chamäleons auszusetzen, da sich die Tiere

dann dauernd bedroht und gestresst fühlen. Bei jeder Vergesellschaftung muss man bedenken, dass im Gegensatz zur Natur der dort existierende „unendliche" Fluchtraum im Terrarium gar nicht oder nur begrenzt vorhanden ist. Deshalb erfordert die paarweise Pflege dieser Art, aber auch die gemeinsame Haltung mit anderen größeren Echsen, immer eine entsprechend geschickt gewählte Einrichtung.

Von einer Vergesellschaftung mit kleineren Echsen und Amphibien kann nur abgeraten werden, da die Jemenchamäleons sie lediglich als willkommene Bereicherung ihres Speiseplans betrachten. Selbst eine Vergesellschaftung mit nachtaktiven Leopardgeckos scheiterte, als diese zur Fütterungszeit auf der Bildfläche erschienen.

Ausgewogene Ernährung

Bei der Fütterung kann man regelmäßig den faszinierenden Zungenschuss beobachten. Foto: R. Müller

Eine hochwertige und ausgewogene Ernährung ist neben der artgerechten Unterbringung der wichtigste Aspekt bei der Pflege des Jemenchamäleons. Leider ist die genaue Zusammensetzung der Nahrung in der freien Natur unbekannt, doch dürfte es sich aufgrund des eher geringen Angebotes, zumindest was Wirbellose und vermutlich auch kleine Amphibien, Reptilien, Säuger und Vögel angeht, um einen Allesfresser handeln.

Chamäleons, so auch *Chamaeleo calyptratus*, gelten als Lauerjäger („sit and wait"), doch stimmt dies genau genommen nur

zum Teil, gehen die Tiere doch, besonders in den frühen Morgen- und Abendstunden, aktiv auf die Nahrungssuche. Dabei stellt das Jagdverhalten insgesamt sicherlich eine der faszinierendsten Verhaltensweisen der Chamäleons dar.

Sobald ein Futtertier zum Chamäleon in das Terrarium gesetzt wird, legt die Echse unverzüglich eine gesteigerte Nervosität an den Tag. Es kontrolliert mit ausgesprochen hektischen Bewegungen seiner Augäpfel die gesamte Umgebung, insbesondere jedoch das erspähte Insekt. Nähert sich das Beute-

Immer wieder verblüffend ist die Distanz, die ein Chamäleon mit seiner Zunge überbrücken kann. Foto: R. Müller

ten, die zum Nahrungserwerb viel stärker auf die sogenannte „sit and wait"-Strategie (d. h. regloses Lauern auf dem Ansitz) vertrauen. Hat sich die Beute schließlich bis in „Schussweite" genähert bzw. wurde sie auf der Verfolgung eingeholt, so fixiert das Chamäleon sie zunächst mit den Augen, um sie dann mit der Zungenspitze zu erfassen. Verharrt das fixierte Futtertier jedoch auch nur für einen Moment auf der Stelle, so erstarrt das Chamäleon in aller Regel ebenfalls, um das Beutetier bei seiner nächsten Bewegung „abzuschießen". Begehrte – oder vielmehr besser „bekannte" – Insekten (z. B. mittelgroße Wanderheuschrecken) werden von manchen Tieren sogar dann erkannt und zielsicher geschossen, wenn diese sich nicht bewegen.

Der eigentliche Fress- bzw. Schussreiz wird in aller Regel durch Bewegungen der Beute ausgelöst. Daher benötigen Jemenchamäleons zu ihrer Ernährung unbedingt lebende Futtertiere. Wer sich vor Insekten ekelt oder ganz allgemein Probleme mit der Verfütterung lebender Tiere hat (wobei auch mögliche Ausbrüche von Futterinsekten einkalkuliert werden müssen), sollte lieber ganz auf die Pflege dieser Echsen verzichten!

Neben der üblichen Insektenkost verspeisen vor allem halbwüchsige und ausgewachsene Jemenchamäleons gelegentlich (einige regelmäßig, andere nur widerwillig oder gar nicht) auch grüne Blätter sowie Obst und Blüten; frisch geschlüpfte Jungtiere verschmähen in der ersten Lebensphase zumeist jede Art pflanzlicher Nahrung. Doch warum nehmen diese Echsen überhaupt pflanzliche Nahrung zu sich? In der freien Natur sind möglicherweise Wassermangel und/oder eine sonst nicht ausreichende Versorgung mit Vitaminen und Mineralstoffen der Grund dafür. Leider liegen bis heute keine Feldstudien darüber vor, welche pflanzlichen Substanzen die Tiere (und wann) in ihrem natürlichen Lebensraum zu sich nehmen.

tier, so verharrt das Jemenchamäleon in seinen Bewegungen und wartet vorerst ab. Falls die Echse jedoch großen Appetit hat oder die Beute sich gar nicht oder nicht schnell genug nähert, so läuft es dem Insekt entgegen bzw. verfolgt es aktiv. Letzteres beobachtet man beim Jemenchamäleon viel eher und häufiger als bei vielen anderen Ar-

Zur Ernährung im Terrarium eignen sich die allgemein für Reptilien üblichen Futterpflanzen, etwa Löwenzahnblätter und -blüten, diverse Wildkräuter, Feldsalat u. Ä., aber auch Obstsorten wie Bananen, Äpfel, Erdbeeren, Weintrauben etc. Doch wie bietet man seinen Tieren solche pflanzliche Nahrung am besten an? Diese Frage lässt sich leider nicht ganz einfach beantworten, da oftmals individuelle Vorlieben zu beobachten sind. So nehmen manche Jemenchamäleons beispielsweise Obststücke sogar aus der Hand an, während andere sie lieber aus Näpfen fressen und wieder andere nur an Happen gehen, die zwischen Äste geklemmt wurden. Entsprechendes gilt für Blätterkost. Auch aus der Terrarienbepflanzung wählen die Tiere oft selbstständig ihnen genehme Blätter aus. Wer seinen Chamäleons diese Speise anbieten will, sollte daher einfach ausprobieren, welche Pflanzen sie fressen und welche nicht. Wichtig ist nur, dass alle angebotenen Pflanzen garantiert keine Giftstoffe enthalten.

Vergleicht man *Chamaeleo calyptratus* mit anderen Chamäleonarten, so kann man sagen, dass sich die Tiere in Punkto Fütterung als durchaus unproblematische Pfleglinge erweisen. In aller Regel akzeptieren sie die ihnen angebotenen Beutetiere (und oftmals auch pflanzliche Stoffe) ohne weiteres als Nahrung. Vor allem gut eingewöhnte Echsen gebärden sich sehr zutraulich und warten regelrecht auf ihre Beute, um sie unverzüglich zu „schießen" bzw. aus der Hand zu fressen. Auch unter Jemenchamäleons trifft man jedoch (wenn auch viel seltener als bei anderen Arten) immer wieder auf ausgesprochene Individualisten, die nur ganz bestimmte Futtersorten annehmen – was sich aber im Laufe der Zeit durchaus ändern kann. So kommt es etwa vor, dass Futtertiere, die begeistert gefressen wurden, von heute auf morgen plötzlich abgelehnt werden. Dem lässt sich am einfachsten vorbeugen, indem man seine Pfleglinge stets

Auch Pflanzen werden manchmal gern gefressen. Foto: R. Müller

möglichst abwechslungsreich füttert. Es scheint, dass auch die Farbe der Beute eine gewisse Rolle spielt, denn grüne und helle Insekten (z. B. grüne Schaben, Wachsmottenraupen oder Heimchen) werden auffällig bevorzugt.

Es bereitet heutzutage keine Probleme mehr, verschiedene Arten von Futtertieren in den benötigten Mengen zu beschaffen – wenn man einmal von den leider immer noch auftretenden Lieferengpässen nach längeren Hitzeperioden etc. absieht. Mittlerweile findet man selbst in Kleinstädten gut sortierte Zoofachgeschäfte, die stets eine Auswahl der üblichen Futtertiere im Angebot haben. Außerdem kann man solche Insekten auch im Abonnement von einem der immer zahlreicheren Zuchtbetriebe beziehen (einschlägige Adressen bieten z. B. die im Anhang genannten Fachzeitschriften oder auch das Internet). Neben der Quantität ist jedoch auch eine ausgewogene Zusammenstellung und hochwertige Qualität der Nahrung eine wichtige Voraussetzungen für die Gesundheit unserer Tiere sowie für langjährige Haltungs- und Zuchterfolge. Wer diesbezüglich kein Risiko eingehen will, sollte daher nach Möglichkeit eigene Futtertierzuchten anlegen. Auf diese Weise lässt sich die Qualität der Futtertiere leicht selbst bestimmen. Nur wer auch seine Futterzuchten mit hochwertigem und abwechslungsreichem Futter versorgt, erhält auch die nötige Qualität, die unsere Pfleglinge benötigen.

Wer sich dazu entschließt, eigene Futtertierzuchten zu betreiben, sollte sich darüber im Klaren sein, dass solche Zuchten mit der gleichen Aufmerksamkeit betrieben werden müssen, wie sie auch bei der Pflege der Chamäleons erforderlich ist. Ein nicht zu unterschätzender Aspekt ist der Zeitaufwand, den eine Futtertierzucht verlangt. Außerdem kann die Lärmbelästigung durch zirpende Grillen und Heimchen auf manche Zeitgenossen überaus störend wirken, ebenso die penetrante Geruchsbelästigung, die von Fliegenzuchten ausgeht, sowie der leider immer wieder auftretende Milbenbefall der Futtertierzuchten oder Ausbrüche einzelner Futterinsekten in die Wohnräume (die durchaus an der Tagesordnung sein können). Geschieht all dies im eigenen Haus, dürfte Ihnen wohl kaum jemand Vorhaltungen machen – außer natürlich eventuelle Familienangehörige oder Mitbewohner. Ganz anders verhält es sich jedoch in Mietwohnungen. Hier ist zu beachten, dass Heimchen als Hausschädlinge gelten und dass und der Einsatz eines Kammerjägers unter Umständen beträchtliche Kosten verursachen kann. Ohne Einschränkungen kann demgegenüber die Zucht von Ofenfischchen empfohlen werden (allerdings eignen sie sich leider nur für kleine bis mittelgroße Jemenchamäleons), da sich der Arbeitsaufwand hier in engen Grenzen hält und sie nicht mit lästigen Lärm- oder Geruchsbelästigungen verbunden ist. An dieser Stelle muss aus Platzgründen auf eine ausführliche Zuchtanleitung verzichtet und stattdessen auf das einschlägige Buch von BRUSE et al. (2003) verwiesen werden. Zuchtansätze erhält man im Zoofachhandel, auf Amphibien- und Reptilienbörsen sowie bei einschlägigen Züchtern (Adressen bieten auch hier die im Anhang genannten Fachzeitschriften).

Gefüttert werden die Jemenchamäleons mit dem ganzen Spektrum üblicher Futtertiere. Frisch geschlüpfte Jungtiere erhalten beispielsweise Fruchtfliegen, Blattläuse, kleinste Heimchen und Grillen, Bohnenkäfer, früheste Stadien von Mehl- und Wachsmottenraupen, winzige Ofenfischchen u. Ä. Mit dem Wachstum der Jungtiere ändert sich auch die Größe der angebotenen Futtertiere. Im Allgemeinen ist es der Gesundheit unserer Pfleglinge zuträglicher, wenn wir mehrere kleinere anstatt eines großen Futtertieres anbieten, da beispielsweise zehn Fliegen mehr Pulver eines Vitamin- und Mineralstoffgemisches aufnehmen können als es vergleichsweise eine einzelne große Grille tut. Chamäleons ab circa 12–15 cm Gesamtlänge erhalten zusätzlich Stubenfliegen, ausgewachsene Ofenfischchen, Wachs- und Mehlmotten nebst deren Raupen, kleine Mehlwürmer, mittelgroße Grillen und Heimchen (bis ca. 12 mm Länge) sowie frisch geschlüpfte Wanderheuschrecken, kleine Schaben etc. Bei Chamäleons dieser Größe kann man auch beginnen, pflanzliche Nahrung anzubieten. Ausgewachsene Exemplare erhalten verschiedene Schabenarten, ausgewachsene Heuschrecken, große Schwarzkäferlarven (*Zophobas*), Grillen und Heimchen, Wachsmotten, Fliegen und Asseln, aber auch Kleinsäuger und Vogelbabys. Das Grundfutter bilden dabei Schaben, Heuschrecken und Grillen. Viele andere Futtertiere müssen aufgrund ihres hohen Nährwertes eher als Leckerbissen gelten, die nur zur Abwechslung gereicht und sehr sparsam verfüttert werden sollten. Erwachsene Tiere braucht man nur alle zwei bis drei Tage zu versorgen, wobei sie jeweils nur so viele Futtertiere erhalten, wie sie

auch wirklich verzehren. Kleine Jungtiere und trächtige Weibchen hingegen müssen täglich Nahrung erhalten. Im Übrigen empfiehlt es sich, die Fütterungszeiten mit den Aktivitätsperioden

Mäuse stellen ein enormes Nahrungspacket dar, sollten aber nicht im Übermaß verfüttert werden.
Foto: R. Müller

79

Manche Jemenchamäleons sind regelrecht Feinschmecker und fressen neben der üblichen Insektenkost gerne z. B. auch manch angebotenes Obst. Fotos: M. Schmidt

der Echsen zu synchronisieren. Im Idealfall erhalten die Chamäleons ihr Futter am Vormittag, wenn sie naturgemäß die größte Aktivität an den Tag legen; allerdings scheint es ihnen auch keine Probleme zu bereiten, wenn sie das Futter erst abends bekommen, wenn man von der Arbeit oder aus der Schule zurückkehrt. Eine häufig gestellte Frage in diesem Zusammenhang lautet: „Welche Futtermenge benötigt ein Tier eigentlich?" Die Antwort hängt von zahlreichen Faktoren wie der Größe des Tieres, seinem Allgemeinzustand (Trächtigkeit?), den Haltungsbedingungen etc. ab. Deshalb möchte ich hier bewusst auf konkrete Angaben verzichten, da eine derart pauschales Vorgehen den Jemen-

chamäleons nicht gerecht würde. Da *Chamaeleo calyptratus* nach meinen bisherigen Erfahrungen bei zu üppiger und nährstoffreicher Fütterung zur Verfettung neigt und die Weibchen zu große und zu viele Gelege pro Jahr produzieren, sollte jeder Halter seine Tiere genau beobachten, um herauszufinden, wie viel Futter sie tatsächlich benötigen.

Bei der Verfütterung von Insekten bieten sich verschiedene Möglichkeiten. Wer in einer Mietwohnung lebt, in der auf keinen Fall Futtertiere entweichen dürfen, sollte seine Tiere frühzeitig daran gewöhnen, angebotenes Futter aus kleinen Dosen oder von der Pinzette zu „schießen". Solch ein Gefäß kann mitsamt den Insekten auch ein-

kann man auch sehr schön das Jagdverhalten beobachten, und es kommt zu einer deutlichen Aktivitätssteigerung. Man sollte jedoch bedenken, dass die angebotene Futtermenge in diesem Falle etwas größer sein muss, da sich einige Futtertiere wie Heimchen tagsüber schnell im Terrarium verstecken. Man kann den Chamäleons die Jagd etwas erleichtern, indem man beispielsweise in geräumigeren Terrarien einen Köder in Form eines Obststückes auslegt, an dem sich dann die Fliegen versammeln.

Zum Schluss bleibt noch die Frage zu beantworten, was eigentlich eine ausgewogene Ernährung ausmacht? In der Natur ist das Nahrungsangebot häufig mengenmäßig recht begrenzt, in seiner Vielfalt hingegen schier unerschöpflich. Dort finden sich beispielsweise die verschiedensten Arten von Schaben, Heuschrecken, Gottesanbeterinnen, Käfern, Grillen, Schmetterlingen, Fliegen, Wanzen, Asseln etc. Daraus wird ersichtlich, dass man seine Chamäleons eigentlich nicht abwechslungsreich genug ernähren kann. Angesichts des begrenzten Angebots an Futtertierarten bleibt uns somit nicht anderes übrig, als die verfügbaren Insekten künstlich aufwerten. Zu diesem Zweck werden alle Futtertiere mit einem Gemisch aus Vitaminen, Mineralstoffen und Aminosäuren eingestäubt, beispielsweise mit „Korvimin ZVT + Reptil" (ein Produkt der Wirtschaftsgenossenschaft deutscher Tierärzte eG in Garbsen, das über den Tierarzt zu beziehen ist) oder „Herpetal Complete/Mineral" (im Zoofachhandel erhältlich).

Hierzu schüttet man die Insekten in eine ausreichend große glattwandige Dose, gibt eine Messerspritze des Pulvers hinzu und schüttelt das Ganze bis alle Tiere regelrecht eingepudert sind. Dann werden so viele ins Terrarium gegeben, wie unsere Pfleglinge in den nächsten zwei bis drei Stunden vertilgen können.

Derartige Zugaben sind unerlässlich, weil Futterinsekten in aller Regel ein unausgegli-

fach ins Terrarium gestellt werden. Man sollte dann aber darauf achten, dass es für die Chamäleons gut einsehbar ist und nicht zu einer Falle wird, die sie ohne fremde Hilfe nicht wieder verlassen können. Außerdem muss das Gefäß so gestaltet sein, dass ein Entweichen der Futtertiere ausgeschlossen ist. Für diesen Zweck hält der Zoofachhandel glücklicherweise verschiedene, nicht zu hohe Futternäpfe mit nach innen überstehenden Rand bereit. Allerdings sind solche ins Terrarium gestellten Behälter nicht hundertprozentig ausbruchsicher. Am natürlichsten würde die Fütterung verlaufen, wenn man die Insekten einfach ins Terrarium gibt, damit die Chamäleons ihnen selbstständig nachstellen. Auf diese Weise

Bei der Ernährung ist auf eine ausreichende Versorgung mit Mineralstoffen und Vitaminen zu achten. Foto: W. Schmidt

chenes Kalzium-Phosphor-Verhältnis (konkret circa 1:9) aufweisen, das mit Hilfe eines Mineralstoffgemischs korrigiert werden sollte. Wünschenswert wäre in jedem Falle ein leichtes Übergewicht des Kalziums, wie es etwa bei Mäusen vorliegt. Das genannte Missverhältnis bei Insekten lässt sich erheblich verbessern, indem man den Futtertieren verstärkt Karotten anbietet und Kalziumlactat beimischt.

Es gibt natürlich noch weitere Alternativen zur Futteraufwertung. So versorgt etwa R. MÜLLER (mündl. Mittlg.) seine Futtertiere 1–2 Stunden vor dem Verfüttern mit besonders hochwertigen Nährstoffen. Hierzu verwendet er bevorzugt Löwenzahn, Klee und andere Wildkräuter, ungespritztes Obst und Gemüse, aber auch Kleie, Getreideflocken, Pollen, Quark, Joghurt oder Babybrei (je nach Futtertier). Auf diese Weise erhalten die Chamäleons nicht nur Vitamine in natürlicher Form, sondern auch die für die Darmtätigkeit so wichtigen Ballaststoffe. Unabhängig davon ist das Einstäuben der Futtertiere mit einem geeigneten Mineralstoffpräparat (z. B. „MinerAll Indoor") unerlässlich.

Auf die Verfütterung von sogenanntem Wiesenplankton (d. h. jenen Wirbellosen, die man beim Abkeschern von Wiesen erbeutet) sollte man aus Naturschutzgründen, aber auch wegen der häufig unterschätzten Belastung solcher Tiere mit Herbiziden und Insektiziden lieber verzichten.

Neben den eben genannten Methoden der Supplementierung sollte in jedem Terrarium auch Kalzium in natürlicher Formen vorhanden sein, damit es von den Tieren jederzeit aufgenommen werden kann. Die Palette der Möglichkeiten reicht von einem mit „Kalzan D_3" gefüllten Schälchen über kleingebrochene Sepiaschalenstücke bis zu Muschelgrit als Teil des Bodenbelags (im Zoofachhandel als Futterzusatz für Tauben erhältlich). Robert SCHUHMACHER (mündl. Mittlg.) konnte beobachten, dass seine Tiere regelmäßig kleine Brocken dieses Grits regelrecht vom Boden geschossen und gefressen haben.

Zu erörtern bleibt schließlich noch die ausreichende Versorgung mit Trinkwasser – ein altvertrautes Problem bei der Haltung von Chamäleons, trinken dieses Echsen doch in der Regel nicht wie andere Reptilien aus einem Wassernapf. Ihren Flüssigkeitsbe-

Jemenchamäleons decken ihren Wasserhaushalt gerne über das Auflecken von Wassertropfen nach dem Besprühen des Beckens. Foto: R. Müller

darf decken Jemenchamäleons grundsätzlich durch Sprühwasser, das sie begierig von Blättern, Ästen und anderen Einrichtungsgegenständen aufnehmen. Nach meiner Erfahrung reicht es bei kleinen und mittelgroßen Tieren grundsätzlich völlig aus, wenn das Terrarium einmal täglich – möglichst morgens – so lange überbraust wird, bis sich auf den Blättern und dem sonstigen Inventar zahlreiche Tropfen gebildet haben. Wer möchte, kann die Chamäleons aber auch an das Trinken aus einer Pipette gewöhnen. Dies erfordert jedoch in aller Regel viel Geduld. Immer wieder muss man dem Tier einen an der Pipette hängenden Tropfen vor die Schnauze halten und dabei die Schnauzenkante benässen, bis es endlich sein Maul öffnet. Nur wenige Exemplare weigern sich dauerhaft hartnäckig, aus einer vorgehaltenen Pipette zu trinken. Ausgewachsenen Tieren sollte man zusätzlich noch eine Tropftränke oder ähnliche fest im Terrarium installierte Vorrichtungen anbieten. Die ausreichende Versorgung mit Wasser ist bei der Haltung von Jemenchamäleons nicht zu unterschätzen; nur wenn auch sie gewährleistet ist, erreichen die Tiere ihre optimale Größe.

Krankheiten

Auch heute noch stellen Erkrankungen eines der schwierigsten Themenfelder der Terraristik dar, da viele Chamäleonliebhaber mit der korrekten Diagnose und anschließenden Behandlung überfordert sind. Daher beschränke ich mich auf allgemeine Hinweise zum Erkennen und zur Vermeidung sowie zur Behandlung leichterer Leiden. Unglücklicherweise hat der Satz „ein krankes Chamäleon ist oftmals schon ein totes" bis heute nur wenig von seinem Wahrheitsgehalt verloren. Für jeden Terrarianer sollte es daher oberstes Ziel sein, durch artgerechte Haltung, gesunde und ausgewogene Ernährung sowie sorgfältigen Umgang mit den Tieren Krankheiten zu vermeiden, denn in vielen Fällen sind diese auf vermeidbare Fehler zurückzuführen. Leider kann es trotz optimaler Haltung hin und wieder zu einer Erkrankung kommen. In allen Fällen sollte man stets die Hilfe eines mit Reptilien vertrauten Tierarztes (Adressen finden Sie unter www.dght.de) in Anspruch nehmen.

Wer sich selbst intensiver mit diesem Thema befassen möchte, sollte folgende Fachbücher erwerben: "Krankheiten der Amphibien und Reptilien" von KÖHLER (1996) und „Reptilienpraxis" von RÜSCHOFF & CHRISTIAN (2007).

Die Vorsorge beginnt schon mit der Anschaffung eines Jemenchamäleons. Wann immer man Wildfänge oder Tiere aus unbekannter Quelle erwirbt, müssen diese während der ersten Wochen separat in einem sogenannten Quarantänebecken gepflegt werden. Das kann jeder möglichst einfach gehaltene Behälter sein – nur sollte er eine gute Kontrolle erlauben und die Einhaltung einer effektiven Hygiene gewährleisten. In Frage kommen daher vor allem silikongeklebte Glasterrarien oder größere Plastikbehälter, da sie leicht zu reinigen und zu desinfizieren sind und so die Gefahr einer Selbstansteckung reduzieren. Die Einrichtung kann denkbar einfach gestaltet sein. Der Boden wird mit leicht entfernbarem Küchen- oder Zeitungspapier ausgelegt, dass man jedes Mal, nachdem die Tiere Exkremente abgesetzt haben, auswechseln sollte. Einige glatte Kletteräste, die sich von den Tieren leicht und sicher umgreifen lassen, und einige größere Kunststoffpflanzen (als Versteckplätze) vervollständigen das Inventar. Bei trächtigen Weibchen müssen überdies geeignete Eiablagestellen vorhanden sein. Den klimatischen Erfordernissen (Temperatur, Licht und relative Luftfeuchtigkeit) ist natürlich jeweils Rechnung zu tragen. In der ersten Phase müssen alle Stressfaktoren (z. B. ständige Bewegungen in der Umgebung und häufiges Hantieren im Terrarium) unbedingt minimiert werden.

Handelt es sich bei dem Neuerwerb um ein schlecht fressendes Chamäleon, so kann man versuchen, seinen Appetit durch die

Gut lassen sich Kalzium und Vitaminpräparate auch über eine Pipette verabreichen.
Foto: W. Schmidt

Gabe von „BirdBeneBac" wieder anzuregen (ein beim Tierarzt erhältliches Präparat aus positiven Darmbakterien in Pastenform, das zur Wiederherstellung der Darmflora beitragen kann).

Genauso wichtig ist das Einsenden einer Kotprobe zur kostenpflichtigen Untersuchung an eine der im Anhang aufgeführten Untersuchungsstellen. Hierzu entnimmt man eine möglichst frische Kotprobe und füllt sie in ein beim Tierarzt erhältliches Kotröhrchen oder andere sicher verschließbare Döschen (z. B. Filmdöschen). Wichtig ist, dass die Exkremente vor Eintrocknung geschützt sind. Nun lässt man sie durch eines der erwähnten Labors auf pathogene Erreger untersuchen und bittet gleichzeitig um eventuelle Behandlungshinweise. Sollte die Probe keinen Hinweis auf Krankheitserreger liefern, so schickt man nach 4–6 Wochen eine weitere ein. Fällt das Resultat abermals negativ aus, so kann man die Tiere ohne Bedenken in ihr endgültiges Terrarium setzen. Ergibt sich jedoch ein anderslautender Befund, so behandelt man das Tier wie empfohlen und sendet einige Tage später erneut eine Kotprobe ein. Bei den im Anhang aufgeführten Labors kann man auch um (kostenpflichtige) Sektion verstorbener Tiere bitten, wenn die Todesursache unklar sein sollte und ihre Klärung von Interesse ist.

Häutungsprobleme

Zu den Folgen unsachgemäßer Haltung gehören auch Häutungsschwierigkeiten. Ihre Ursachen liegen meist im falschen Terrarienklima, etwa in zu trockener bzw. zu feuchter Haltung. Hier sollte zunächst mittels eines Hygrometers die relative Luftfeuchtigkeit gemessen werden. Auch ständiger Kontakt mit Feuchtigkeit (z. B. weil das Terrarium nach dem Sprühen nicht abtrocknet und die Tiere dauernd durch die Nässe laufen müssen) kann zu Häutungsproblemen an den Gliedmaßen führen. Abhilfe schaffen hier oft schon größere Lüftungsflä-

Kleinere Häutungsreste sind leicht zu entfernen und kein Grund zur Sorge, sollten aber immer als Anlaß genommen werden, allgemeine Haltungsbedingungen wie Luftfeuchtigkeit und Vitaminversorgung des Chamäleons zu kontrollieren. Foto: W. Schmidt

chen und selteneres Sprühen. Häutungsprobleme können aber auch auf eine fehlerhafte Ernährung hinweisen, z. B. eine Überversorgung mit Vitamin A.

Grundsätzlich sollten sich Jemenchamäleons innerhalb eines Tages komplett häuten. Anschließend muss kurz kontrolliert werden, ob sich die alte Haut an den Gliedmaßen richtig und vollständig gelöst hat. Gerade Jungtiere sind für ein besonderes Krankheitsbild anfällig: Bei ihnen kann sich die alte Haut zwar an sich vollständig und ordnungsgemäß lösen, doch sie reißt an den Gliedmaßen nicht auf und fällt auch nicht ab. Vielmehr rollt sie sich dort auf, sodass die entsprechende Extremität abgeschnürt werden kann. Als Folge davon stirbt erst diese ab, und später verendet das Jungtier. Derartige „Hautrollen" lassen sich, wenn man sie bei einer Kontrolle rechtzeitig entdeckt, leicht manuell entfernen. Ist dies einmal nicht der Fall, so muss man die Hautreste mit etwas größerem Aufwand beseitigen: Die entsprechenden Partien werden in lauwarmem Wasser (mit einem Zusatz von Kamillosan) gebadet oder mit einer Fettcreme eingerieben. Sobald diese Mittel eingewirkt haben, lassen sich die alten Hautfetzen in aller Regel vorsichtig mit einer Pinzette abziehen. Wer sich diese Prozedur nicht zutraut, sollte die Hilfe eines Tierarztes in Anspruch nehmen. Bei Jungtieren ist das Ganze ein ausgesprochen mühseliger Vorgang: er sollte – falls das Ganze zu lange dauert – in regelmäßigen Abständen für längere Zeit unterbrochen werden, damit der Stress für das Tier nicht zu groß wird.

Kleinere Verletzungen

Trotz größter Sorgfalt kommt es hin und wieder zu kleinen Verletzungen, z. B. durch Beißereien. Solche Wunden verheilen in der Regel von selbst. Zur Sicherheit und zum Schutz vor Infektionen kann man ein chlorhexidinhaltiges Gel, wie beispielsweise Regepithel (Alcon) auftragen. Wenn die Wun-

Ein hochgradig trächtiges Jemenchamäleon. Sollte die Eiablage nicht innerhalb weniger Tage erfolgen, ist ein Arzt hinzuzuziehen.
Foto: P. Neças

de nicht von selbst heilt oder Schwellungen entstehen, ist ein Gang zum Tierarzt unumgänglich.

Verbrennungen

Eigentlich dürften derartige Verletzungen gar nicht auftreten, da sie immer auf einen Haltungs- oder genauer einen Planungs- bzw. Einrichtungsfehler zurückzuführen sind. Für *Chamaeleo calyptratus* gilt so ausdrücklich wie für keine andere Chamäleonart, dass sich im Behälter selbst keine Heizquellen, Leuchtstoffröhren oder Strahler jedweder Bauart befinden dürfen. Auch bei über dem Terrarium angebrachten Strahlern muss unbedingt ein Mindestabstand eingehalten werden, denn die Tiere lieben Strahlungswärme über alles und merken oft erst viel zu spät, dass die Temperaturen im Nahbereich der genannten Strahlungsquelle deutlich zu hoch sind.

Ist es dennoch zu einer Verbrennung gekommen, so sollten Sie zur Behandlung unbedingt einen Tierarzt hinzuziehen.

Legenot

Von Legenot spricht man, wenn die Weibchen nicht in der Lage sind, ihre Eier vollständig und aus eigner Kraft abzulegen. Dies kann eine Vielzahl von Ursachen haben: Stress, nicht artgerechte Eiablageplätze, mangelhafte Vitamin- und Mineralstoffversorgung u. a. Auch hier gilt, dass eine artgerechte Ernährung und optimale Haltung die beste Medizin ist. Trächtige Weibchen benötigen große Mengen an Calcium. Ein akuter Mangel kann dazu führen, dass ihre Eileiter nicht ausreichend kontrahieren und die Eier nicht herausgepresst werden können. Eine erhöhte orale Gabe (z. B. von „Calcium Gluconicum", das man in Apotheken erhält), kombiniert mit einem Vitamin-D-haltigen Präparat führt häufig zu einem vollständigen Absetzen der Gelege. Falls der gewünschte Erfolg ausbleibt, hilft allerdings nur noch eine Oxytocin-Therapie, zu der unbedingt ein mit Reptilien erfahrener Tierarzt hinzugezogen werden sollte.

Arten- und Tierschutz

Wer sich mit der Haltung und Zucht des Jemenchamäleons beschäftigen will, muss wissen, dass seine Pfleglinge verschiedenen Artenschutzgesetzen unterliegen. Daher sind gewisse Grundkenntnisse zur Gesetzes- und Verordnungslage, die im Gefolge von der CITES (Convention on International Trade in Endangered Species of Wild Fauna and Flora) beschlossen und erlassen wurden, unerlässlich. Diese Vorschriften unterliegen jedoch ständigen Änderungen, sodass die hier gegebenen Informationen schon bald wieder überholt sein können. Wer einen Überblick über die in Deutschland gültige Gesetzeslage gewinnen will, sollte folgende Vorschriften in ihrer aktuellsten Fassung zu Rate ziehen:

• Das Bundesnaturschutzgesetz
• Die Bundesartenschutzverordnung
• Das Washingtoner Artenschutzabkommen (CITES)
• Die EU-Artenschutzverordnung Nr. 338/97
• Die Naturschutzgesetze der einzelnen Bundesländer.

Einen guten Überblick über die gültigen Artenschutzbestimmungen erhält man durch das BNA-Artenschutzbuch (zu beziehen beim Bundesverband für fachgerechten Natur- und Artenschutz e.V., Postfach 1110, 76707 Hambrücken).

Darüber hinausgehende Informationen, z. B. über die gültigen Ein- und Ausfuhrbestimmungen für Deutschland, kann man beim Bundesministerium für Umwelt, Naturschutz und Reaktorsicherheit in Berlin (10178 Berlin, Alexanderstraße 3) oder in Bonn (53175 Bonn, Robert-Schuman-Platz 3) erfragen.

In der Bundesrepublik Deutschland müssen die Chamäleonpfleger bei der zuständigen Naturschutzbehörde unverzüglich nach Beginn der Haltung den Bestand der Tiere schriftlich anzeigen. Dies ist je nach Bundesland unterschiedlich geregelt. So ist z. B. in Nordrhein Westfalen die Untere Landschaftsbehörde in den Kreisverwaltungen und in Hessen der Regierungspräsident zuständig. Eine Möglichkeit, wie diese Meldung erfolgen kann, stellt die „Zu- und Abgangsanzeige gem. § 7 Abs. 2 BArtSchV vom 16.02.2005" dar. Sollten sich nach der Bestandsanzeige Änderungen (Neuerwerbungen, Nachzuchten, Abgaben, Todesfälle, Umzug mit dem Tier an einen anderen Wohnort, dauerhafte Unterbringung des Tieres an einem anderen Ort) ergeben, sind auch diese unverzüglich anzuzeigen. Diese Meldungen sind für den Liebhaber kostenfrei.

Viele Chamäleon-Pfleger sind aufgrund der geringen eigenen Erfahrungen im Umgang mit diesen Bestimmungen verunsichert. Ich kann Ihnen nur empfehlen, Kontakt mit der für Sie zuständigen Naturschutzbehörde aufzunehmen – zum einen, um sich über den aktuellen Stand der Gesetzgebung zu informieren, zum anderen aber auch, um etwas über die Handhabung der An- und Abmeldebestimmungen in Erfahrung zu bringen.

In der Praxis wird eine Anmeldung beim Neuerwerb derzeit etwa folgendermaßen ablaufen: Hat man Jemenchamäleons z. B. auf einer Börse erworben, müssen diese im Lauf von vier Wochen bei der zuständigen Naturschutzbehörde angemeldet werden, indem man die Anzahl, das Geschlecht (soweit bekannt) und die Herkunft angibt. Dies kann in der Regel formlos geschehen. Um die Herkunft eines Tieres nachzuweisen, sollte man sich vom Vorbesitzer (z. B. Händler oder Züchter) eine Bescheinigung aushändigen lassen, die die Herkunft (z. B. legaler Import, eigene Nachzucht) bescheinigt. Eine Kopie dieses Nachweises sollte man der Anmeldung beifügen.

Will man jedoch die eigenen Nachzuchten

abgeben, muss man nun selbst dem Erwerber eine Herkunftsbescheinigung ausstellen und die Abgabe der Chamäleons seiner zuständigen Behörde anzeigen.

Muster für eine entsprechende Bescheinigung:

Datum: ....

Name: ....

Straße: ....

Wohnort: ....

Telefon: ....

Bestätigung
für Nachweis- und Meldezwecke bei der zuständigen Artenschutzbehörde
Ich habe folgende(s) meldepflichtige(n) Tier(e) [ ] erhalten von:

_____

[ ] abgegeben an: _____

[ ] nachgezüchtet.

Anzahl ggf. Geschlecht	Tierart	Kennzeichen, falls vorhanden	Datum des Erwerbs, der Weitergabe, der Metamorphose	Bemerkungen

Ort, Datum ....

Unterschrift ....

ggf. Unterschrift des Empfängers ....

Kommt ein Chamäleonpfleger der Meldepflicht nicht nach und zeigt die Haltung des Tieres nicht richtig oder nicht rechtzeitig an, handelt es sich um eine Ordnungswidrigkeit, die mit einem Bußgeld geahndet werden kann.

Zu den weiteren stets zu beachtenden Bestimmungen gehört das Tierschutzrecht, welches den Schutz der Tiere vor unsachgemäßer Haltung regelt. Hierzu haben sich verschiedene Organisationen, insbesondere die terraristisch orientierten Vereinigungen, bemüht, Standards aufzustellen, die eine artgerechte Tierhaltung zum Ziel haben. Dazu gehören der sogenannte Sachkundenachweis, mit dem jeder Pfleger seine Fachkunde belegen kann und das „Gutachten über Mindestanforderungen an die Haltung von Reptilien". Nähere Informationen zum Sachkundenachweis findet man im Internet: www.sachkundenachweis.de und die Haltungsrichtlinie kann bei der DGHT (vgl. Anhang) erworben werden.

Um in Zukunft Probleme mit der Naturschutzbehörde zu vermeiden, sollte man sich bei der Haltung von Terrarientieren an dieser Richtlinie orientieren, da sie den Behörden als Maßstab dienen. Dort sind u. a. die auch im Kapitel „Das Terrarium" genannten Mindestgrößen für busch- und baumbewohnende Chamäleons sowie für andere Reptilien festgelegt.

Literatur

AKERET, B. (2003): Bepflanzung von Wüstenterrarien. – REPTILIA 40: 31–35.

ALTEVOGT, R. & R. ALTEVOGT (1954): Studien zur Kinematik der Chamäleonzunge. – Zeitschrift für Vergleichende Physiologie 36: 66–77.

ANDERSON, J. (1895): On a collection of reptiles and batrachians made by Colonel YERBURY at Aden and its neighbourhood. – Proceedings of the Zoological Society of London: 635–663.

– (1898): Zoology of Egypt: First Volume. Reptilia and Batrachia. – London.

– (1901): A list of Reptiles and Batrachians obtained by Mr. A. BLAYNEY PERCIVAL in Southern Arabia. – Proc. zool. Soc., London: 137–154.

ANDREWS, R. (2005): Incubation Temperature and Sex Ratio of the Veiled Chameleon (*Chamaeleo calyptratus*). – Journal of Herpetology 39(3): 515–518.

– & S. DONOGHUE (2004): Effects of temperature and moisture on embryonic diapause of the veiled chameleon (*Chamaeleo calyptratus*). – Journal of Experimental Zoology Part A: Comparative Experimental Biology 301 A (8): 629–635.

ANNIS, J. (1993): Chameleon profile (*Chamaeleo calyptratus*). – Chameleon Information Network 10: 19–29.

ARNOLD, E. (1980): The scientific results of Oman flora and fauna survey 1977 (Dhofar). Reptiles and Amphibians of Dhofar, Southern Arabia. – J. Oman Stud., Spec. Rep. No. 2: 273–332.

– (1987): Zoogeography of the Reptiles and Amphibians of Arabia. – Fauna of Saudi Arabia 8: 385–435.

ATSATT, S. (1953): Storage of Sperm in the female Chamaeleon, *Microsaura pumila pumila*. – Copeia 59.

BARNETT, K., R. COCROFT & L. FLEISHMAN (1999): Possible Communication by Substrate Vibration in a Chameleon. – Copeia 1: 225–228.

BARTLETT, R. & P. BARTLETT (1995): Chameleons. – Barrons Educational Series, Inc. New York.

– (1995): Chameleons: Everything about selection, care, nutrition, diseases, breeding and behaviour. – Barron's Educational Series, Hauppauge.

BECH, R. & U. KADEN (1990): Echsen. – Urania Verlag, Leipzig.

BLECHA, J. & O. HES (1993): Nekolik poznamek k chovu chameleona jemenského (*Chamaeleo calyptratus calyptratus*). – Akvárium Terárium 36(7): 40–42.

BLÜM, V. (1985): Vergleichende Reproduktionsbiologie der Wirbeltiere. – Springer Verlag, Berlin, Heidelberg, New York, Tokio.

BNA (ohne Jahr): BNA-Artenschutzbuch. – Eigenverlag.

BÖHME W. (1990): Buchbesprechung. – Zeitschrift für zoologische Systematik und Evolutionsforschung, 28(4): 315–316.

– & C. KLAVER (1981): Zur innerartlichen Gliederung und zur Artgeschichte von *Chamaeleo quadricornis* TORNIER, 1899 (Sauria: Chamaeleonidae). – Amphibia-Reptilia 4: 313–328.

BÖTTGER, O. (1893): Katalog der Reptilien-Sammlung im Museum der Senckenbergischen Naturforschenden Gesellschaft in Frankfurt. I. Teil. Rhynchocephalen, Schildkröten, Krokodile, Eidechsen, Chamaeleons. – Frankfurt.

BOULENGER, G.A. (1887): Catalogue of the Lizards in the British Museum (Nat. Hist.) III. (2nd ed.). – London.

– (1895): Major Yerbury on *Chamaeleo calcarifer*. – Proc. zool. Soc. London: 833–834.

BROER, W. & H.G. HORN (1985): Erfahrungen bei der Verwendung eines Motorbrüters zur Zeitigung von Reptilieneiern. – Salamandra 21(4): 304–310.

BRUSE, F., M. MEYER & W. SCHMIDT (2003): Praxisratgeber Futtertiere. – Edition Chimaira, Frankfurt.

BRUINS, E. (1999): Terrarien Enzyklopädie – Karl Müller Verlag, Erlangen.

BRYGOO, E.R. (1971): Reptiles Sauriens Chamaeleonidae. Genre Chamaeleo. – Faune de Madagascar 33: 1–318, Orstom et CNRS, Paris. – (1983): Les types de Caméléonidés (Reptiles; Sauriens) du Muséum national d'Histoire naturelle, Catalogue critique. – Bull. Mus. nat. Hist. nat., Paris, 5A(3) suppl.:1–26.

BUNDESMINISTERIUM FÜR ERNÄHRUNG, LANDWIRTSCHAFT UND FORSTEN (1997): Gutachten über Mindestanforderungen an die Haltung von Reptilien. – Sonderausgabe der DGHT e.V., Rheinbach.

CUVIER, G. (1829): Le Regne Animal Distribué, d'apres son Organisation, pur servir de base à l'Histoire naturelle des Animaux et d'introduuction á l'Anatomie Comparé. Vol. 2. Les Reptiles. – Déterville, Paris.

DE VOSJOLI, P. & G. FERGUSON (1995): Care and breeding of Panther, Jackson's, Veiled and Parson's Chameleons. – The Chameleon Keeper's Reference Series 1: Advanced Vivarium Systems, Inc., Santee, California.

DICKHOFF, A. & T. DICKHOFF (2007): Bau eines Freizimmergeheges für die Haltung von Jemen- und Pantherchamäleons. – TERRARIA 2(6): 24–34.

DOST, U. (2000): Das Jemenchamäleon Chamaeleo calyptratus. – DRACO 1(1): 52–56. – (2001): Chamäleons. – Ulmer Verlag, Stuttgart.

DUMÉRIL, A.M.C. & G. BIBRON (1836): Erpétologie Générale ou Histoire Naturelle Complète des Reptiles. Vol. 3. – Paris (Libr. Encyclopédique Roret).

FRITZ, J. P. & F. SCHÜTTE (1987): Zur Biologie jemenitischer Chamaeleo calyptratus DUMÉRIL & DUMÉRIL, 1851 mit einigen Anmerkungen zum systematischen Status (Sauria: Chamaeleonidae). – Salamandra 23(1): 17–25.

FROST, D.R. & R. ETHERIDGE (1989): A Phylogenetic Analysis and Taxonomy of Iguanian Lizards (Reptilia: Squamata). – Univ. Kansas Museum Nat. Hist. Misc. Publications No. 81.

GRAY, J.E. (1865): Revision of the genera and species of Chamaeleonidae, with description of some new species. – Ann. Mag. Nat. Hist. 3(15): 340–354.

GRECKHAMMER, A. (1993): Bemerkungen über die Haltung und Zucht von Chamaeleo calyptratus DUMERÍL & DUMERÍL, 1851. – Jahrbuch für Terrarianer 1: 24–31.

HAAS, G. (1957): Some amphibians and reptiles from Arabia. – Proc. Calif. Sci. 4(29): 47–86. – & J.C. BATTERSBY (1959): Amphibians and Reptiles from Arabia. – Copeia 3: 196–202.

HASSELBERG, D. (1999): Terrarien aus Styropor. – REPTILIA 4(18): 64–68.

HEGETSCHWEILER, K. (2003): Altersspezifische Veränderungen im Verhalten des Jemenchamäleons, Chamaeleo calyptratus, im Zoo Basel. – Diplomarbeit, ETH Zürich.

HELLENDRUNG, D. (2007): 10 Jahre Haltung und Nachzucht des Jemenchamäleons. – TERRARIA 2(6): 12–19.

HENKEL, F.W. & S. HEINECKE (1993): Chamäleons im Terrarium. – Landbuch-Verlag, Hannover. – & W. SCHMIDT (1998): Kennen und Pflegen – Terrarientiere. – Ulmer Verlag, Stuttgart. – (2003): Geckos. 2. Aufl. – Ulmer-Verlag, Stuttgart. – (2008): Terrarien – Bau und Einrichtung. 2.Aufl. – Ulmer Verlag, Stuttgart.

HERREL, A., J. MEYERS, P. AERTS & K. NISHIKAWA (2000): The mechanics of prey prehension in chameleons. – J. Exp. Biol. 203: 3255–3263.

HIGHAM, T. & B. JAYNE (2004): In vivo muscle activity in the hindlimb of the arboreal lizards, Chamaeleo calyptratus: general patterns and the effects of incline. – Journal of Experimental Biology 207: 249–261.

HILDENHAGEN, T. (2005): Freilebende Chamaeleo calyptratus auf Maui. – Chamaeleo 30: 8.

HILLENIUS, D. (1959): The differentiation within the genus Chamaeleo LAURENTI, 1768. – Beaufortia 8(89): 1–92. – (1966): Notes on Chameleons III: The chameleons of southern Arabia. – Beaufortia 156(13): 91–108.

– & J. GASPERETTI (1984): Reptiles of Saudi Arabia. The Chameleons of Saudi Arabia. – Fauna of Saudi Arabia 6: 513–526.

HROMÁDKA, J. (1991): Chameleón jemensk? – *Chamaeleo calyptratus calyptratus* v prirode a v teráriu. – Akvárium-Terárium 1: 30–32.

JOGER, U. (1987): An Interpretation of Reptile Zoogeography in Arabia, with Special Reference to Arabian Herpetofaunal Relations with Africa. – Proc. Symp. on the Fauna and zoogeography of the Middle East, Mainz, 257–271.

KÄSTLE, W. (1967): Echsen im Terrarium. – Franckh'sche Verlagshandlung, Stuttgart.

– (1982): Schwarz vor Zorn, Farbwechsel bei Chamäleons. – Aquarien Magazin, Stuttgart.

KELSO, E. & P. VERRELL (2002): Do male Veiled Chameleons, *Chamaeleo calyptratus*, adjust their courtship display in Response to female reproductive status? – Ethology 108: 495–512.

KIESELBACH, D., R. MÜLLER & U. WALBRÖL (2001): Chamäleons. – Bede Verlag.

KLAVER, C. (1977): Comparative lung-morphology in the genus *Chamaeleo* LAURENTI, 1768 (Sauria: Chamaeleonidae), with a discussion of taxonomic and zoogeograohic implications. – Beaufortia 25(327): 167–199.

KLAVER, C. & W. BÖHME (1986): Phylogeny and classification of the Chamaeleonidae (Sauria), with special reference to hemipenis morphology. – Bonn zool. Monogr., 22.

– (1997): Chamaeleonidae. – Das Tierreich, de Gruyter, Berlin 112.

KOBER, I. (2001): Haltung und Vermehrung des Jemenchamäleons *Chamaeleo calyptratus*. – DATZ, Stuttgart, 12: 14–17.

– (2005): Anmerkungen zur Bevorzugung künstlicher Lichtquellen durch Chamäleons. Chamaeleo 31: 16–18.

– & A. OCHSENBEIN (2006): Jemenchamäleon und Pantherchamäleon. – Kirschner & Seufer Verlag, Karlsruhe.

KÖHLER, G. (1996): Krankheiten der Amphibien und Reptilien. – Ulmer Verlag, Stuttgart.

– (1997): Inkubation von Reptilieneiern. – Herpeton, Offenbach.

KRYSKO, K., K. ENGE & F. KING (2004): The Veiled Chameleon, *Chamaeleo calyptratus*: a new exotic lizard species in Florida. – Florida Scientist 67 (4): 249–253.

LE BERRE, F. (1995): The New Chameleon Handbook. – Barron's Educational Series, New York.

LEPTIEN, R. (1989): Erläuterungen zu einigen Grundsatzfragen in der Chamäleonhaltung. – Sauria, Berlin, 11(4): 3–8.

LOVE, B. (2007): Versteckte Invasoren. – TERRARIA 2(6): 20–23.

LUTZMANN, N. (2007): *Chamaeleo calyptratus* – ein unbekanntes Wesen! – TERRARIA 2(6): 4–11.

MACHTS, T. (2007): Beobachtungen an *Chamaeleo calyptratus*. – Chamaeleo 35: 11–16.

MASUOKA, B. (2002): Veiled Chameleons could threaten nativ birds. – Honolulu Advertiser.

MASURAT, G. (2005): Vermehrung von Chamäleons. – Herpeton, Offenbach.

MASURAT, I. & G. MASURAT (1996): Nachzuchtergebnisse bei *Chamaeleo jacksonii* BOULENGER, 1896 (Sauria: Chamaeleonidae) über 15 Jahre. – Salamandra 32(1): 1–12.

MATTHEE, C., C.R.TILBURY & T.TOWNSEND (2004): A phylogenetic review of the African leaf chameleons: genus Rhampholeon (Chamaeleonidae): the role of vicariance and climate change in speciation. – Proc. Roy. Soc. (London) B271: 1967–1975.

MEERMAN, J. & T. BOOMSMA (1987): Beobachtungen an *Chamaeleo calyptratus calyptratus* DUMÉRIL & DUMÉRIL, 1851 in der Arabischen Republik Jemen (Sauria: Chamaeleonidae). – Salamandra 23(1): 10–16.

MERTENS, R. (1946): Die Warn- und Drohreaktionen der Reptilien. – Abh. Senckenberg. naturforsch. Ges., Frankfurt.

– (1966): Chamaeleonidae. – Das Tierreich 83.

MOCQUARD, F. (1895): *Chamaeleo calcarifer*, PETERS et *Ch. calyptratus*, A. DUMÉRIL. – C. R. Soc. Philom., Paris, 36.

MODRY, D. & B. KOUDELA (1995): Description of *Isospora jaracimrmani* sp. n. (Apicomplexa: Eimeriidae) from the Yemen chameleon *Chamaeleo calyptratus* (Sauria: Chamaeleonidae). – Folia Parasitologica 42: 313–316.

– (1996): Kokcidioza chameleonu jemenskych (*Chamaeleo calyptratus*). – Akvarium Terarium 40(1): 52–54.

MÜLLER, R., N. LUTZMANN & U. WALBRÖL (2004): *Furcifer pardalis* – Das Pantherchamäleon. – Natur und Tier - Verlag, Münster.

–, U. WALBRÖL & A. KOCH (2007): Weitere Beobachtungen und Bemerkungen zur Wasseraufnahme bei Chamäleons (Sauria: Chamaeleonidae). – Sauria, Berlin, 29(1): 23–32.

NAJBERT, R. (1992): Chov chameleona *Chamaeleo calyptratus* DUMERÍL & DUMERÍL, 1851 v teráriu. – Terarista 3(4): 15–18.

NEÇAS, P. (1990): Chameleón – *Chamaeleo calyptratus calyptratus*. – Ziva 38(5): 228–229.

– (1991): *Chamaeleo calyptratus calyptratus*. – herpetofauna, Weinstadt, 73: 6–10.

– (1991): Einige Bemerkungen zur Biologie von *Chamaeleo calyptratus*. – Zusammenfassung der DGHT-Tagung, Bonn.

– (1991): Einige Anmerkungen zur Biologie von *Chamaeleo calyptratus*. – Mitteilungsblatt der AG Chamäleons in der DGHT 3: 3.

– (1997): *Chamaeleo calyptratus* DUMÉRIL & DUMÉRIL. – Sauria, Suppl., Berlin 19(3): 389–394.

– (2004): Chamäleons - Bunte Juwelen der Natur. 2. Aufl. – Ed. Chimaira, Frankfurt.

NIETZKE, G. (1984): Fortpflanzung und Zucht der Terrarientiere. – Landbuch-Verlag, Hannover.

– (1999): Die Terrarientiere Bd. 1, 4 Aufl. – Ulmer-Verlag, Stuttgart.

– (2002): Die Terrarientiere Bd. 2, 4 Aufl. – Ulmer-Verlag, Stuttgart.

OBST, F.J., K. RICHTER & U. JACOB (1984): Lexikon der Terraristik und Herpetologie. – Landbuch-Verlag, Hannover.

OESER, R. (1961): Chamäleon-Pflege, I. – DATZ, Stuttgart, 14: 53–56.

– (1961): Chamäleon-Pflege, II. – DATZ, Stuttgart, 14: 91–94.

– (1961): Chamäleon-Pflege, III. – DATZ, Stuttgart, 14: 116–117.

OTT, M. (1997): Visuelle Zielpeilung, Akkommodation und funktioneller Bau des Auges beim Chamäleon (Squamata). – Dissertation, Universität Tübingen.

–, SCHÄFFEL, R. & W. KIRMSE (1998): Binocular vision and accommodation in preyching chameleons. – Journal of Camparitive Physiology A, 182(3): 319–330.

PETERS, W. (1869): Über neue Gattungen und neue oder weniger bekannte Arten von Amphibien. – Monatsber. K. Preuss. Akad. Wiss., Berlin: 432–447.

– (1870): Nachtrag: *Chamaeleo calcaratus* n. sp. – Monatsberichte Akad. Wiss. Berlin, 1869: 445–446.

PETZOLD, H.G. (1982): Aufgaben und Probleme bei der Erforschung der Lebensäußerungen der Niederen Amnionten (Reptilien). – Berliner Tierpark Buch Nr. 38 (Nachdruck aus Milu Bd. 5 (4/5): 485–786.

RAXWORTHY, C. J. (1991): Field observations on some dwarf chameleons (*Brookesia* spp.) from rainforest areas of Madagascar, with the description of a new species. – J. Zool., London 224: 11–25.

RÜSCHOFF, B. & B. CHRISTIAN (2007): Reptilienpraxis. Falldarstellungen wichtiger Reptilienerkrankungen. Anleitung zur Diagnose und Therapie. – Herpeton, Offenbach, 301 S.

SCHÄTTI, B. (1989): Amphibien und Reptilien der Arabischen Republik Jemen und Djibouti. – Revue suisse Zool. 964: 905–937.

– & A. DESVOIGNES (1999): The Herpetofauna Of Southern Yemen And The Sokotra Archipelago. – Muséum d'histoire naturelle, Genéve.

– & R. FORTINA (1987): Herpetologische Beobachtungen in der Arabischen Republik Jemen. – Jemen-Report, Mitt. der Deutsch-Jemen. Ges. 18(2): 28–31.

– (1989): Amphibien und Reptilien aus der Arabischen Republik Jemen und Djibouti. – Revue suisse Zool. 96(4): 905–937.

SCHICKER, M. (2006): Bauanleitung für ein Styroporterrarium nach MARCO BECK. – REPTILIA 11(1): 78–85.

SCHIFTER, H. (1971): Familie Chamäleons. – In: Grzimeks Tierleben, Bd. VI: 229–245.

SCHMIDT, K.P. (1953): Amphibians and Reptiles from Yemen. – Fieldiana, Zoology 34(24): 253–261.

SCHMIDT, W. (1990): Anmerkungen zur Pflege von Chamäleons. – DATZ, Stuttgart, 43: 268–272.

– (1992): Über die erstmalige gelungene Nachzucht von *Furcifer campani* GRANDIDIER, 1872, sowie eine Zusammenstellung einiger Eizeitigungsdaten von verschiedenen Chamäleonarten in Tabellenform. – Sauria, Berlin, 13(3): 21–23.

– (1994): Gedanken zur Problematik bei der Aufzucht von Nachzuchten verschiedener Chamäleonarten. – Sauria, Berlin 16(2): 35–38.

– (1996): Das Jemenchamäleon. – REPTILIA 1(2): 61–64.

– (1998): Anmerkungen über die Lebenserwartungen von Chamäleons. – Salamandra 34(1): 75–76.

–, K. TAMM & E. WALLIKEWITZ (in Vorb.): Chamäleons – Drachen unserer Zeit. 2. Auflage. – Natur und Tier - Verlag, Münster.

SCHNEIDER, C. (2007): Das Jemenchamäleon *Chamaeleo calyptratus*. – Art für Art, Natur und Tier - Verlag, Münster, 64 S.

STAHL, S.J. (1993): Chameleon profile (*Chamaeleo calyptratus*): Parasites. – Chameleon Information Network 10: 28–29.

– & C. BLACKBURN (1996): Captive Husbandry and Reproduction of the Veiled Chameleon, *Chamaeleo calyptratus*. – The Vivarium 8(1): 28–31, 44–45.

STEINDACHNER, F. (1900): Expediton S. M. Schiff „Pola" in das Rote Meer. Bericht über die herpetologische Aufsammlung. – Sitzungsber. kaiserl. Akad. Wiss. Wien, Denkschriften der mathem.-naturw. Cl. 69: 325–339.

TAWIK, A.E.-R. (1994): Taxonomic analysis of two Chamaeleo species (Chamaeleonidae, Reptilia): Morphological and Biochemical studies. – J. Egypt. Ger. Soc. Zool. 15: 191–203.

THEIS, D. (2007): Beobachtungen zur Pflege, Inkubation und Aufzucht von *Chamaeleo calyptratus*. – Chamaeleo 35: 21–30.

TIEDEMANN, U. & M. TIEDEMANN (1992): *Chamaeleo calyptratus* – Jemenchamäleon. – Mitteilungsblatt der AG Chamäleons Nr. 5: 3–4.

TILBURY, C.R., K.A.TOLLEY & W.R. BRANCH (2006): A review of the systematics of the genus *Bradypodion* (Sauria: Chamaeleonidae), with the description of two new genera. – Zootaxa 1363: 23–38.

WERNER, F. (1902): Prodromus einer Monographie der Chamäleonten. – Zool. Jb. Syst. 15: 295–460.

– (1907): Ergebnisse der Subvention aus der Erbschaft TREITL unternommenen zoologischen Forschungsreise Dr. FRANZ WERNER's nach dem ägyptischen Sudan und Norduganda. XII. Die Reptilien und Amphibien. – Sitzungsber. kaiserl. Akad. Wiss. Wien, Mathem.-naturw. Klasse CXVI (I).

– (1911): Chamaeleontidae. – Das Tierreich 27.

WILMS, T. (2006): Terrarieneinrichtung. Grundlagen - Materialien - Methoden. – Natur und Tier - Verlag, Münster.

ZARI, T.A. (1993): Effects of body mass and temperature on standard metabolic rate of the desert chameleon *Chamaeleo calyptratus*. – J. Arid Environments 24: 75–80.

Anhang

Vereinigungen

Deutsche Gesellschaft für Herpetologie und Terrarienkunde e.V. (DGHT)

Die Deutsche Gesellschaft für Herpetologie und Terrarienkunde (DGHT) ist mit über 7.000 Mitgliedern die weltweit größte Gesellschaft ihrer Art und bringt Wissenschaftler und Hobbyherpetologen zusammen. Mitglieder erhalten vierteljährlich mindestens drei verschiedene herpetologisch/terraristische Zeitschriften, darunter die wissenschaftlich orientierte englischsprachige „Salamandra" (auch als deutsche Übersetzung „Der Salamander" zu beziehen) und die eher terrarienkundlich ausgelegte „elaphe N.F."

DGHT e.V.
Postfach 1421
53351 Rheinbach
Tel.: 02225-703333
Fax: 02225-703338
E-Mail: gs@dght.de
www.dght.de

Die DGHT-AG Chamäleons

Die Arbeitsgemeinschaft Chamäleons wurde als Untergruppierung der DGHT am 10.11.1990 in Bonn gegründet. Ziele dieser Arbeitsgruppe sind die Förderung neuer Erkenntnisse über Chamäleons, der Schutz der Tiere in Natur und in der menschlicher Obhut sowie Informations- und Aufklärungsarbeit in der Öffentlichkeit. Zu diesem Zweck organisiert sie einmal jährlich ein Treffen von Haltern, Züchtern, Wissenschaftlern und anderen Interessenten in Boppard (Termine finden Sie in der REPTILIA, der elaphe und auf der DGHT-Homepage www.dght.de) und gibt halbjährlich das Mitteilungsblatt „Chamaeleo" heraus. Weiterhin bietet die AG eine Telefonauskunft zu allen Fragen der Haltung (Thomas Hildenhagen, Tel. 0173-6678898, Joachim Wittgen, Tel. 02402-9979860, und David Hellendrung, Tel. 02763-869025) an, sowie ein Nachzuchttelefon, an das sich alle wenden können, die Nachzuchten erwerben bzw. abgeben wollen (Christian Mütterthies, Tel. 06853-300493, nur donnerstags von 20.00 bis 21.00 Uhr). Kontakt über www.ag-chamaeleons.de, E-Mail: ulrike.walbroel@chamaeleons.org oder Tel. 0177-7354735.

Chamäleon-Stammtische

Seit einigen Jahren treffen sich interessierte an Chamäleonhalter regional zu sogenannten „Chamtischen", die von verschiedenen Pflegern privat organisiert werden. Nähere Informationen hierzu im Internet unter: www.chamtisch.de.

Fachmagazine

REPTILIA
TERRARIA
Terraristik-Fachmagazine
erscheinen je sechs Mal jährlich
Natur und Tier - Verlag GmbH
An der Kleimannbrücke 39/41
48157 Münster
Tel.: 0251-133390
E-Mail: verlag@ms-verlag.de
www.ms-verlag.de

DRACO
Terraristik-Themenheft
erscheint vier Mal jährlich
Natur und Tier - Verlag, s. o.

Sauria
Terraristik und Herpetologie
erscheint vier Mal jährlich
Terraristikgemeinschaft Berlin e.V.
Bruno Treu
Christstr. 10
14059 Berlin
E-Mail: abo@sauria.de
www.sauria.de

DATZ
Die Aquarien- und Terrarien-Zeitschrift
erscheint monatlich
Verlag Eugen Ulmer
Wollgrasweg 41
70599 Stuttgart
www.datz.de

Chamaeleo calyptratus im Internet

Neben zahlreichen Einzelerwähnungen in Händlerlisten, Bildergalerien, Reiseberichten etc. findet man im Internet auch Seiten, die speziell den Chamäleons als solchen und deren Biologie oder Haltung gewidmet sind. Wie im Internet häufig der Fall, ist die Qualität dieser Beiträge allerdings recht gemischt. Nähere Beachtung verdienen beim gegenwärtigen Stand der Dinge die nachstehend genannten Sites:
http://www.adcham.com
http://biotropics.com/html/chamaeleo_caly
ptratus.html
http://www.jemenchamaeleon.de
http://www.jemenchamaeleon.com
http://www.camaleones.es
http://www.chamaeleomania.de

Untersuchungsstellen

Kotproben, Sektionen und andere Untersuchungen können von spezialisierten Tierärzten oder von veterinärmedizinischen Untersuchungsstellen vorgenommen werden. Eine Liste mit reptilienkundigen Tierärzten kann über die DGHT (auch unter www.dght. de) bezogen werden. Überregional bekannt für Untersuchungen sind folgende Einrichtungen:
Exomed
Erich-Kurz-Str. 7
10319 Berlin
Tel.: 030-5112008
E-Mail: labor@exomed.de
www.exomed.de

Universität München
Institut für Zoologie, Fischereibiologie und Fischkrankheiten der tierärztlichen Fakultät
Kaulbachstr. 37
80539 München
Tel.: 089-2180-2687
E-Mail: office@zoofisch.vetmed.uni-muen
chen.de
www.vetmed.lmu.de/zoofisch/

Chemisches und Veterinäruntersuchungsamt Ostwestfalen-Lippe
Westerfeldstr. 1
32758 Detmold
Tel.: 05231-9119
E-Mail: poststelle@svua-detmold.nrw.de
www.cvua-owl.nrw.de

Vet Med Labor GmbH
Mörikestraße 28/3
71636 Ludwigsburg
Tel.: 01802-838633
E-Mail: info@vetmedlabor.de
www.vetmedlabor.de
(für privat nur über Ihren Tierarzt)

Artenschutzfragen

Bundesamt für Naturschutz
Artenschutzvollzug
Konstantinstr. 110
53179 Bonn
Tel.: 0228-8491-1311
E-Mail: citesma@bfn.de
www.bfn.de

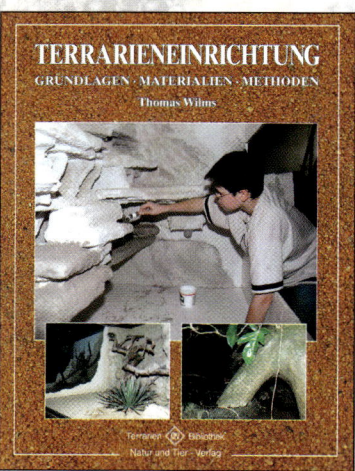